婴儿套鞋+幼儿布鞋、皮鞋

超人气
手作宝宝鞋

〔韩〕韩正敏 著

金善姬 译

70款超人气
婴幼儿及成人
手作鞋

北京科学技术出版社

"Handmade Leather Shoes" by HAN JUNGMIN

Copyright © 2014 HAN JUNGMIN

All rights reserved.

Originally Korean edition published by Nexus Co.,Ltd.

The Simplified Chinese Language edition © 2020 Beijing Science and Technology Publishing Co., Ltd.

The Simplified Chinese translation rights arranged with Nexus Co.,Ltd. through EntersKorea Co., Ltd., Seoul, Korea.

著作权合同登记号　图字：01—2015—3305号

图书在版编目（CIP）数据

超人气手作宝宝鞋/（韩）韩正敏著；金善姫译.—北京：北京科学技术出版社，2020.5

ISBN 978-7-5304-9834-7

Ⅰ.①超… Ⅱ.①韩… ②金… Ⅲ.①童鞋—制作 Ⅳ.①TS943.723

中国版本图书馆CIP数据核字（2018）第212827号

超人气手作宝宝鞋

作　　者：〔韩〕韩正敏
译　　者：金善姫
责任编辑：朱　琳
责任校对：贾　荣
责任印制：吕　越
封面设计：申　彪
出 版 人：曾庆宇
出版发行：北京科学技术出版社
社　　址：北京西直门南大街16号
邮政编码：100035
电话传真：0086-10-66135495（总编室）
　　　　　0086-10-66113227（发行部）
　　　　　0086-10-66161952（发行部传真）
电子信箱：bjkj@bjkjpress.com
网　　址：www.bkydw.cn
经　　销：新华书店
印　　刷：北京捷迅佳彩印刷有限公司
开　　本：710mm×1000mm　1/16
字　　数：150千字
印　　张：11
版　　次：2020年5月第1版
印　　次：2020年5月第1次印刷
ISBN 978-7-5304-9834-7

定　　价：49.80元

[韩] 韩正敏

　　3D、平面设计师，曾于广告公司任职。出于对鞋子的喜好，后转型为鞋类专业设计师。

　　她在个人博客上连载的《TOTO的鞋子日记》，深受手作鞋爱好者欢迎。现在的她，除了从事鞋类书刊写作之外，还在鞋类专业设计学院担任讲师。

序

皮鞋可以
亲手缝制吗?

　　就是带着这个疑问我开始了这本书的写作，要知道，把手作宝宝鞋的过程写到书里可是个不小的挑战。制作一双鞋通常需要100多个工序，需要特定的工具，更需要专门的技术，所以手作皮鞋的技术鲜为人知，也很难找到相关的资料。手作皮鞋一开始的过程并不容易，但是当宝宝穿上你历经挑战之后完成的区别于量产商品的手缝皮鞋之后，这一切就显得值得了。

　　这本手作皮鞋指导书的第一个魅力是人人都能制作。把复杂的制作过程和专业工具简化为用美工刀、剪刀、锤子等常见的工具和简便的步骤制作，即使没有深厚的制鞋专业知识也能享受到制作的乐趣。我把制作过程分阶段地用照片呈现，以方便读者理解和学习。按照操作步骤，使用本书提供的鞋子图样，就可以制作出自己想要的鞋子了。

　　使用环保材料也是手作皮鞋的魅力之一。低价皮鞋有害物质超标的报道屡见不鲜，低廉的合成皮革和具有强大毒性的黏合剂直接接触到皮肤会导致皮肤瘙痒，引发过敏甚至致癌。而手作皮鞋采用质量上乘的天然皮革，对人体无害，透气性也很好；而且，手作皮鞋完全是用手一针一线缝制完成的，在粘贴皮革时黏合剂用量很少。可以说追求健康是我选择手作皮鞋最重要的原因。

低成本是手作皮鞋的另一个魅力。手作皮鞋中没有量产商品的各种人工和物流费用，购买一张经济实惠的皮革可以制作出好几双真材实料的皮鞋，以低廉的成本制作材质上乘的皮鞋并不是天方夜谭。

最后，手作皮鞋的魅力还在于其中的诚意和独一无二的设计。即使是相同的样式，因材料、色彩与装饰品不同也会衍生出多种设计，制作人可以充分发挥自己的创意制作出属于自己的皮鞋，特别适合妈妈为宝宝亲手缝制各种儿童鞋子。

手作皮鞋简单、环保、经济，这就是我沉浸其中得出的体会。虽然要选购材料，辛苦缝制，甚至多次返工，但手作鞋完工那一刻的幸福，可以让你收获满满的喜悦。当然，最大的收获应该是收到这双鞋的人试穿后露出的微笑，这是最无价的。

将此书献给所有勇敢踏出手作皮鞋第一步的人。

韩正敏

目 录

Part 1
手作布鞋 & 皮鞋

Part 2
妈妈和宝宝一起做的创意鞋

Part 3
制鞋基础

Part 1

手作布鞋 & 皮鞋

For Baby ● For Kids ● For Mom&Daddy

　　给所爱的人送一双满含心意、独一无二的手作鞋吧。给蹒跚学步的婴儿送学步鞋，给沉迷公主游戏的女儿做艾莎公主的皮鞋。即使是同样的样式，因材料、色彩、装饰品不同也会有千万种的不同，制作人可以充分发挥自己的创意制作出"定制版"鞋，特别推荐妈妈为宝宝亲手缝制各种儿童鞋子。

Baby

软绵绵小熊
宝宝学步鞋

How to make p.86

难度系数
★★☆

我的宝宝终于走出了人生的第一步。
抓住椅子，自己撑住一会儿后，
"咚"地一下坐在地上，
感觉马上要哭出来了，
忽然又站起来"嘻嘻"笑出声。
为了宝宝以后能更欢快地玩耍，
给他做一双学步鞋吧！
这是送给宝宝的一份珍贵的礼物。

Baby

纽扣学步鞋

How to make p.89

How to make p.89

难度系数

★☆☆

给刚开始学走路的宝宝制作一个
便于穿脱的纽扣套鞋，
柔软的带子，加上小纽扣，
鞋子整体看上去非常可爱，
这一款非常适合蹒跚学步的宝宝。

Baby

亮闪闪
心形学步鞋

How to make p.92

可爱的宝宝马上要一周岁了，
给宝宝做一双能在周岁纪念摄影时穿的
可爱的粉红色学步鞋吧！
用舒适的羊皮，
加上亮闪闪的心形饰品，
一定会是个难忘的礼物。

Baby

**蕾丝宝宝
玛丽珍鞋**

How to make p.95

难度系数
★★☆

百搭的白色小鞋子

是宝宝鞋的基本款。

在柔软干净的白色皮革上,

用同一种色系的蕾丝做成蝴蝶结,

蝴蝶结的大小可以随意调整,

宝宝的基本款皮鞋就这样完成了。

Baby

魔术贴
宝宝鞋

How to make p.98

给微笑天使
做一双卡其色的皮鞋吧。
可爱的衣服和帽子，
搭配卡其色皮鞋点睛，
会发现宝宝的另一种时尚魅力。

难度系数
★★☆

Baby

和风
宝宝套鞋

How to make p.101

充满好奇心的宝宝经常满地跑，

给小淘气做一双

便于穿和脱的和风套鞋，

可以把妈妈的爱心做成星星样的装饰品

缝在套鞋上。

Baby

小樱桃
宝宝套鞋

How to make p.103

难度系数

★☆☆

想给女儿戴上
蝴蝶结发卡或者可爱的帽子，
但是女儿似乎都不喜欢。
这时候，做一双用薄荷色布料打底、
用可爱樱桃点缀的套鞋吧。
看着女儿好奇地盯着樱桃看，
真是可爱极了。

Baby

毛绒球
宝宝靴

How to make p.106

难度系数
★☆☆

宝宝迎来了第一个冬天，
跟宝宝一起看雪花，一起听圣诞歌，
心中的幸福感都要溢出来。
为了这个与众不同的冬天，
做一双毛绒球宝宝靴吧。
不仅能温暖宝宝的小脚丫，
还能作为装圣诞礼物的袋子哦！

Kids

妈妈做的
公主鞋

How to make p.108

难度系数
★★☆

女儿迷上了动画片《冰雪奇缘》，

还买了艾莎公主的海报，

给想当艾莎公主的女儿

做一双跟礼服搭配的皮鞋吧！

用与艾莎公主礼服相配的浅蓝色羊皮打底，

用蕾丝装饰鞋边，再粘上一朵小花，

一双梦幻的公主鞋就完成了。

Kids

吊坠
宝宝鞋

How to make p.112

公主鞋是派对着装必不可少的一部分，
要求贴脚、舒适度高，能适应长时间的活动。
采用引人注目的紫色面料，再搭配上新颖的吊坠，
一定会受到小朋友的欢迎。

难度系数
★★☆

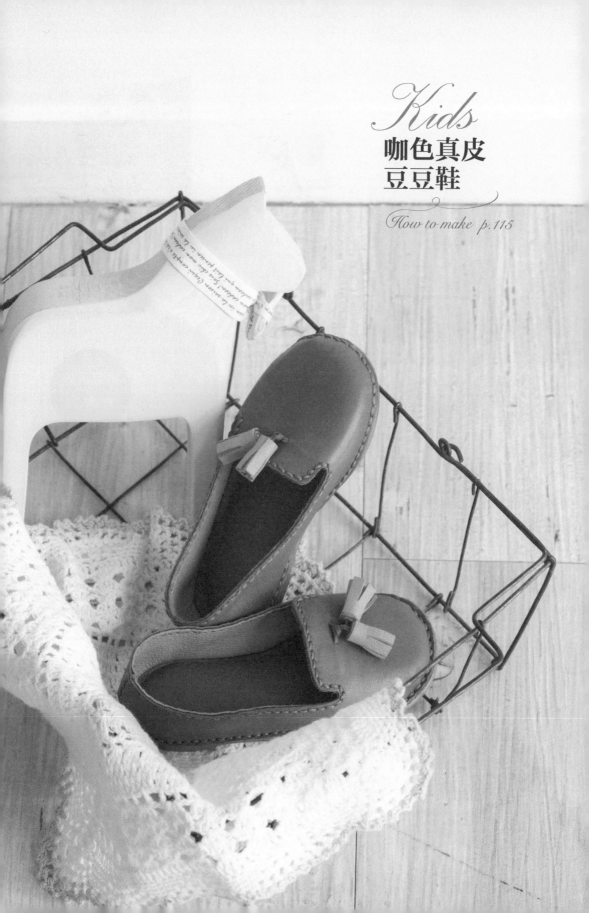

Kids

咖色真皮
豆豆鞋

How to make p.115

充满好奇心的宝宝，
只要是妈妈做的，
不管是烹饪、化妆都想跟着做。
为这样的好奇宝宝
做一双可爱的豆豆鞋吧！
这些亲子时刻一定会成为
母女间的美好记忆。

难度系数
★★☆

Kids

魔术贴
玛丽珍鞋

How to make p.119

给梦想成为电影里女主角的
宝宝做一双玛丽珍鞋吧！
这会成为她最美好的礼物。
因为漫画《布斯特·布朗》
里的女主角玛丽珍
就穿过一双这样的鞋，
穿上玛丽珍鞋，
摇身变成窈窕淑女的宝宝
可爱极了。

难度系数
★★☆

Kids
花朵鞋带
玛丽珍鞋

How to make p.123

沐浴着午后的阳光，
宝宝穿上紫色的玛丽珍鞋玩过家家，
脚背上有个松紧带，缝上一朵小花，
宝宝每走一步，仿佛带着阵阵花香。

难度系数
★★☆

Kids
凉爽
银光凉拖

How to make p.126

宝宝穿上凉拖高兴得合不拢嘴，
就像是凉爽的风吹过脚面，
不知道是因为银色材料，
还是那可爱的蝴蝶结，
感觉凉爽的风在宝宝脚下萦绕。

难度系数
★★★

Kids
可爱黑猫
单鞋

How to make p.130

难度系数
★★☆

接到爸爸的电话，
宝宝高兴得抓着电话
撒娇欢笑，
像只可爱的小猫咪。
宝宝穿着小黑猫鞋子
去接爸爸下班，
爸爸一定会很高兴、
很幸福。

Mom&Daddy
彩色
休闲鞋
How to make p.134

难度系数
★★☆

穿上橙色休闲鞋
去给宝宝买礼物，
柔软的材质和弹性十足的泡沫鞋底
是这款鞋的最大特点，
就算走再多的路也不会觉得累。

Mom&Daddy

居家
皮质拖鞋

How to make p.137

用天然皮革做鞋底，
再用生皮做一层鞋底防滑，
一双简单又高贵的拖鞋就这样完成了。
穿着这款居家皮质拖鞋，
给玩耍回来的宝宝准备零食，
内心安然而平静。

难度系数
★★☆

Mom&Daddy

幸运一百
豆豆鞋

How to make p.141

How to make p.141

难度系数
★★☆

幸运一百豆豆鞋像
一断治愈心灵的
午后阅读时光，
安抚劳累的双脚，
温暖的卡其色和柔软的
触感是这款鞋的最大特点，
看着摇摆的流苏总觉得
会有好运相随。

Mom&Daddy

花式皮带
凉鞋

How to make p.145

用弹性柔软的皮带包住双脚，

感觉双脚被呵护，

不知道是不是因为坡跟造型和泡沫鞋底的缘故，

空气中弥漫着繁花似锦的夏天味道。

难度系数
★★★

Mom&Daddy

蝴蝶结
单鞋

How to make p:119

清风吹拂的午后，
穿上这双居家鞋吧。
透气性很好，凉爽的触感也让人非常舒适，
慢慢享用下午茶时光吧！

难度系数
★★☆

Mom&Daddy

牛津
皮鞋

How to make p.151

给在苦恼外出穿什么鞋子的丈夫亲手做一双牛津皮鞋吧，
当丈夫接过妻子亲手做的皮鞋时一定会欣喜万分。
穿的时候把裤腿往上折，这样会更加有范哦。

难度系数
★★★

Mom&Daddy

男式
乐福鞋

How to make p.155

给爱人的乐福鞋要跟他一样温暖可靠，
他是幽默贴心的男朋友，他是高大宽厚的父亲，
他也是意气风发的追梦少年。
快用你的心意给他做一双乐福鞋吧！

难度系数
★★☆

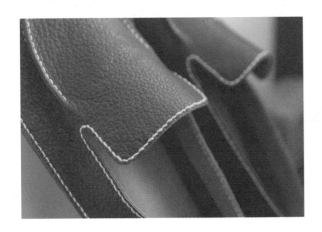

Part 2
妈妈和宝宝一起做的创意鞋

Mom&Kids ● *For Kids* ● *For Mom*

这一部分，让我们用蝴蝶结、贴纸等小装饰品，甚至用随处可见的水彩墨制作超简单的创意鞋吧，赋予鞋子更多活力。可以和孩子一起在鞋子上贴装饰品、画图案，贴羽毛，镶钻，还可以做成亲子鞋。

Mom&Kids

马林徽章
亲子鞋

How to make p.158

难度系数
★ ☆ ☆

马林徽章跟清爽的条纹鞋子可谓
最佳搭配，
与妈妈的条纹坡跟鞋放在一块儿，
堪称完美。

让喜欢画画的孩子
在帆布鞋上尽情地发挥吧！
不仅妙趣无限，
更是世上独一无二的创意
潮品。

经典流苏乐福
亲子鞋

How to make p.160

在基本款的乐福鞋上缝上流苏，
顿时倍增经典意味，
妈妈和宝贝一起穿上这款亲子鞋外出，
摇摆的流苏肯定会赚足大家的回头率。

难度系数
★☆☆

Mom&Kids

铆钉中筒
棉靴

How to make p.161

如果想在冬天必备的棉
靴上增添一些潮流感，
推荐用铆钉装饰，
金银相间的棉靴肯定会
让你在冬天大放异彩。

难度系数
★★☆

Mom&Kids

让旧鞋子
焕然一新

How-to-make p.162

穿腻了的鞋子，
可以通过简单装饰进行再次改良，
不同的装饰品会让鞋子产生不同的风格，
可以跟孩子一起试试哦。

难度系数
★★☆

在家辛苦忙碌的妈妈们
也需要华丽变身后外出，
这时，可以在凉鞋上贴烫钻，
原来平凡的凉鞋立即变成华丽派对时穿的鞋子，
更给朴素的着装增添一份光彩。

Mom&Kids

镶钻凉鞋

How to make p.164

难度系数
★★☆

Mom&Kids

镶钻高跟
凉鞋

How to make p.165

难度系数
★★☆

试试在细跟皮条凉鞋上贴上烫钻，
大功告成之后，一颗一颗贴上去的
辛苦也会一扫而空。

Mom&Kids

莱茵石
高跟凉鞋

How-to-make p.166

如果凉鞋的前半部分没有装饰品，
可以试试莱茵石，
除了会给鞋子平添更多的注意力外，
还可以显脚瘦。

难度系数
★☆☆

Mom&Kids

羽毛高跟
凉鞋

How to make p.167

How to make p.167

难度系数
★★☆

羽毛高跟鞋就像天使的翅膀，
优雅、高贵，
柔软的羽毛和金色的凉鞋
浑然天成，
穿上羽毛高跟鞋，
爸爸和孩子都会为之倾倒。

Part 3

制鞋基础

How to make

　　手作鞋是将自然和舒适融为一体的产物，饱含着制作者的满满诚意。可以自己设计，在鞋子上签名或者写上重要日期等。

　　用简单的工具一步一步做出一双鞋的过程就是DIY的乐趣之一。这一节，让我们一起学习从婴儿套鞋到成人皮鞋的制作过程吧。

DIY鞋的必备材料

基本制作材料
皮革

皮革是手作鞋最重要的材料，因种类和加工方法不同，存在千差万别。要熟悉皮革的特点才能为要做的手作皮鞋选好合适的原料。

皮革的基础常识

皮革是用动物的原皮制作而成的。优点是弹性较好，容易染色，耐久性和保暖性能好，但是有对温度敏感的缺点。

皮革的构造和单位

皮革的构造

正面：皮革的表面，可见皱纹及毛孔。

背面：皮革的底面或剪除正面后的表面，留有纤维组织。

皮革的单位

平方英尺（square foot）

1平方英尺≈30cm×30cm

（为方便阅读及应用，本书采用业内通用单位）

各部位的皮革名称及特点

皮革的伸缩性

根据不同的部位，皮革的伸缩性也会有所不同，一般垂直方向比水平方向的伸缩性高一些。如果皮革较小，需要用手去体验皮革的伸缩性，所以最好掌握皮革的各部位名称和特点。

分部位名称和特点

颈部（Neck）：正面比较粗糙，纹路清晰，易伸缩。

肩部（Shoulder）：正面紧凑，但皱纹较多，较薄。

臀部（Butt）：正面结实好看，不易伸缩。

腹部（Belly）：正面伤口较多，易伸缩。

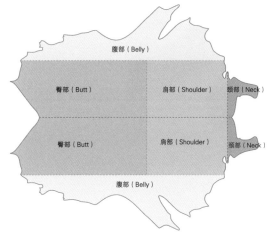

🔲 皮革的种类

❶ **牛皮**

牛皮的正面结实好看，适合用于制作成人鞋。因牛的年龄不同，牛皮的厚度与强度也会不同，本书主要使用的是2mm厚的成年牛皮。

❷ **羊皮**

羊皮非常柔软，可用于制作婴儿、幼儿的皮鞋。表面光滑细致，但不够结实。

❸ **山羊皮**

山羊皮的耐久性强于羊皮，适合用于制作儿童鞋。毛孔大、有光泽是它的特点。

❹ **猪皮**

猪皮主要用内皮，薄且透气性好。外皮毛孔粗大，纤维组织较弱，因而很少使用。

❺ **绒面皮**

绒面皮是把皮坯表面打磨成绒状的皮革。优点是便于贴饰品或烫钻。缺点是易脏、难清洗，更应注意日常保养。

皮革护理方法

皮革容易受潮，且对光线比较敏感，存放皮鞋时可以用纸包住放在通风较好的避光处，皮鞋上的灰尘可用鞋刷轻刷或用干布擦拭。

皮革生霉时

用湿布轻轻擦掉霉点，放在太阳下晒。

皮革沾水时

用吸水性好的布或者纸吸水后用报纸包住放在通风较好的避光处，如果阳光直射会导致皮革生皱。

绒面皮护理方法

正常灰尘可用专用刷刷去；轻度污染可用橡皮擦拭；如果污染较严重，需涂抹专用清洁剂，再用专用刷子清洁。

选择优质皮革的秘诀

优质皮革要求正面干净、有光泽，没有瑕疵。正面污渍会影响制作中可用面积的大小，降低使用率。也要注意色彩是否均匀，颜色越均匀皮革越自然。触摸皮革时需注意指甲不要刮伤皮革。

缝制皮鞋时需要用的线因材质及粗细而异，天然纤维线
比合成纤维线细并且容易起球，但因为是天然纤维，更
显自然。

麻线
指用亚麻做的天然纤
维线，本书用的麻线
约0.5mm（坎贝尔标
准No.532），不同商家
标记方法有差异，请仔
细比较后购买，用线之前涂抹蜂
蜡或除毛可提高线的韧性及便于
使用。

蜡线
用蜂蜡涂抹的线。本
书使用的蜡线的粗细
约为1mm。

其他辅料

胶

松紧带

加固胶带

皮质松紧带

鞋底

泡沫垫

松紧带

鞋底
起到保护双脚的作用，所以要有一定厚度且耐磨。橡胶鞋底和泡沫鞋底结实、附着性强。

泡沫垫
泡沫垫柔软舒服，多用在鞋的后脚跟。

加固胶带
后面带有胶的布带，用于加固。

松紧带
伸缩性和舒

适度都非常好的材料，有各种宽度和颜色可选择。

皮质松紧带
外面是皮质的松紧带，伸缩性很好，与普通松紧带相比款式较少。

魔术贴
用涤纶纤维做成的附着性织物，轻便耐久，分子母两面，一面是细小柔软的纤维，另一面是较硬带钩的刺毛，魔术贴易于粘扣，缺点是缝制时针头容易带出黏合剂。

黏合剂
★ 白乳胶 主要用于粘贴内衬，临时粘贴皮革剪裁时也很方便。

★ B-7000胶比白乳胶黏合性强，多用于固定皮革或装饰品。

★ 皮革强力胶黏合性最强，用于粘贴鞋底，胶质透明、黏合效果非常好。

剪裁工具主要用于剪裁皮革或样板。

美工刀
用于裁剪皮革或打磨，适合裁剪薄皮革，裁剪厚皮革时不能一刀剪下，需多刀慢剪，裁剪皮革时一般使用皮革专用刀，但是初学者较难掌控，建议使用美工刀。

剪刀
适合粗略裁剪皮革或剪线，用剪刀剪裁，剪裁面不平整，故不建议使用剪刀剪裁精致尺寸的皮革。

剪裁垫
裁剪皮革时垫在下面的垫子。为了更精确地裁剪并保护刀尖，建议使用坚硬厚实的垫子。

玻璃板
用于皮革打磨，玻璃表面光滑不会给皮革留痕。

夹子
用于固定皮革以防叠放皮革时不重合，做精细活时可用多个夹子固定。

锥子
用于在皮革上标注或打孔，也可在缝隙中涂抹黏合剂时使用。

荧光记号笔
用于在皮革上画鞋的图样，清晰且易于清洁。

尺子
用于画直线或量长短，准备15cm短尺和30cm长尺即可。

打孔工具
打孔工具用于在皮革或样板上打孔。
★ 圆形打孔器 用于打孔，在本书中缝针打孔时主要用0.8~1.2mm之间的圆形打孔器。

★ 锤子 用于辅助打孔器打孔、固定线头、粘贴鞋底等。有木质、胶质、铁质等种类，制作皮鞋只需准备铁锤即可。

★ 打孔垫子 捶打时垫在下面的垫子，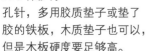 为了保护打孔针，多用胶质垫子或垫了胶的铁板，木质垫子也可以，但是木质垫子硬度要足够高。

缝纫工具
用于缝制皮革，缝纫所需工具如下。
★ 针 比缝布用的针长、针眼大。针尖比较钝，根据线的粗细选择针。

★ 纱剪 剪线时使用。

★ 蜂蜡 可使线顺滑，减少线打结，增加韧性。

★ 钳子 用于皮革太厚或打孔太小无法拔出针的情况下，钳住针尖容易拔断，应钳住针的中间部位再垂直拔出。

黏合剂，收尾工具
用于粘贴。粘在工具上的黏合剂可用稀释剂清洁。

★ 刷子 用于涂刷胶，可将胶均匀涂抹于凹凸不平的平面。

★ 收尾工具 用于清洗整理制作完成的皮鞋，以提高皮鞋的整体效果。

★ 清洁剂 清洁涂错的或溢出来的胶，可用于清洁手上的胶，也可用于绒面皮的清洁。

★ 油脂 用于清除记号笔痕迹。将油脂涂抹在干爽的布面上，然后轻轻擦除污渍。

★ 砂纸 用于打磨皮革，砂纸的粗细用目数表示，数字越大越粗糙，制作皮鞋时一般用60目即可。

★ 镊子 用于夹小物件或做精细活、夹小装饰品等。

★ 鞋帮定形架 用于组装鞋后跟时的定型工具。将皮面紧贴在木架上捶打或粘胶。

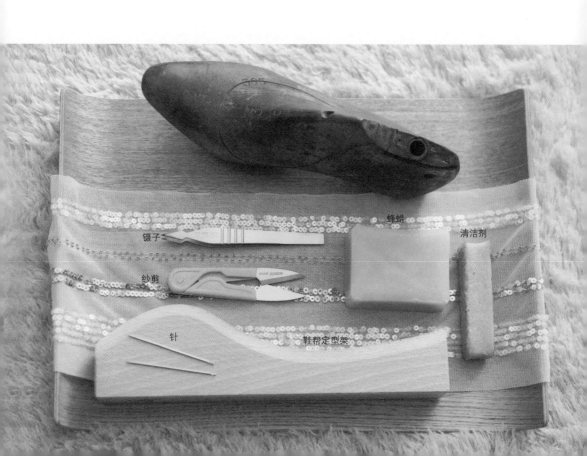

镊子　纱剪　针　蜂蜡　清洁剂　鞋帮定型架

DIY鞋所需的基本技能

基本制作

❶ 制作样板
将本书中提供的鞋图样打印出来，用厚纸制作样板。

❷ 选皮革
准备制作所需的皮革。

❸ 初步剪裁
初步剪裁时可以在样板上留些余量。

❹ 剪裁
贴合皮革和样板，剪裁精确的样板。

❺ 打磨
皮革接触面可打磨薄些。

❻ 打孔
用锤子捶打圆形打孔器打孔。

❼ 缝针
用针和线一针一针缝制皮革。

❽ 粘贴鞋底
用黏合剂粘贴鞋底。

❾ 贴装饰品
根据设计灵感用不同的装饰品装饰。

❿ 收尾
清洁笔痕或胶痕，用鞋楦或报纸定型。

DIY鞋 TIP！！

皮鞋的构造

鞋垫（In-Sole Cover）：垫于二重底上的垫子
鞋口（Top-Line）：皮鞋的入口
鞋跟（Heel）：皮鞋的跟（可有不同种类的设计及高度）
鞋跟底（Top-Lift）：鞋跟与地面的接触部分
鞋底（Out-Sole）：与地面的接触面
鞋面（Upper）：包住脚背的部分
鞋舌（Tongue）：系绳或有皮带扣的脚背部分

★ 其他辅助
外皮：皮鞋的外侧皮革
内皮：皮鞋的内侧皮革
鞋楦：固定皮鞋形状的模具

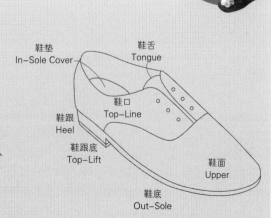

熟悉制作 基本技能	基本技能是制作鞋的基础， 熟练掌握有利于提高效率。

🔲 刀功

剪裁皮革或纸张，
注意保持刀刃与剪裁面
垂直。

❶ 露出一小部分刀刃，自然握紧。
　　TIP 刀刃不宜露太长，以免弯曲断裂。
❷ 用手固定需剪裁的皮革或纸张，保持刀刃与剪裁面垂直后
　剪裁。
❸ 刀刃与剪裁面垂直才能剪得整洁。
　　TIP 厚皮革可分多次剪裁。

🔲 削薄

多层皮革粘合时，
需要削薄边缘，
使成品更加舒适美观。

❶ 将需要削薄的部分用记号笔或边线器标注需要削薄的边界。
❷ 沿边界线慢慢入刀，刀刃与皮面角度呈20度左右，削出坡面。
❸ 图为削好的皮面侧面。
　　TIP 削薄整张皮革需要使用专用机器，本书介绍的是皮革边
　　缘的手工削薄。

🔲 打孔

给皮革或纸张打孔。
打孔器和剪裁面要保持垂直。

❶ 把皮革放在垫子上，用打孔器垂直固定在皮革上。
❷ 用锤子捶打打孔器。
　　TIP 打孔器和剪裁面保持垂直才能打出前后一致的孔。
　　给厚皮革或者多张皮革打孔时，需多次捶打。

🖌 刷胶

粘贴皮革或纸张，胶只沾刷子的一侧。

❶ 用刷子倾斜涂抹胶，只沾刷子的一侧。

❷ 粘黏合剂。

❸ 将黏合剂对着皮革的一侧涂刷。

剪　裁	剪裁的重点是精确。 不要因为小失误而功亏一篑。

🖼 做样板

把设计图案平整地贴在厚纸板上，避免设计图案和纸间出现褶皱。

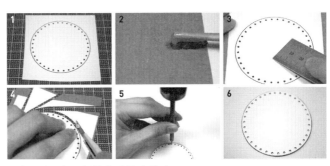

❶ 打印设计图案并大致剪出轮廓。

❷ 在设计图案和厚纸板上均匀涂抹黏合剂。

❸ 将设计图案粘贴在厚纸板上，按压平整。

❹ 用刻刀按照设计图案的边线进行裁切。

　　TIP 曲线可分多次剪裁。

❺ 按照设计图案打出圆孔。

❻ 完成样板。

📖 根据样板剪裁
皮革

比照样板剪裁皮革，注意防止样板和皮革错位。

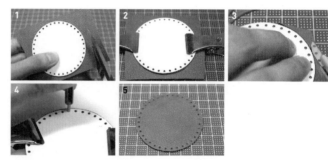

❶ 剪一块稍大的皮革。

❷ 用夹子固定样板和皮革。

❸ 按住样板，刀刃垂直，剪裁皮革。

❹ 打孔器垂直于皮革面打孔。

❺ 完成皮革剪裁。

📖 合并剪裁外皮
和内皮

将内皮和外皮贴在一起剪裁，注意防止内皮和外皮错位。

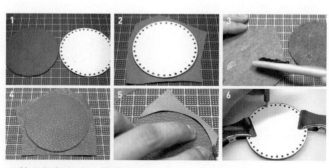

❶ 按照样板轮廓，剪裁外皮。

❷ 剪一块稍大的内皮备用。

❸ 在内皮和外皮的里侧，均匀涂抹黏合剂。

❹ 粘贴内皮和外皮。

❺ 切除多余的内皮。

❻ 按照样板上的位置打孔。

完成!!

缝 纫	缝纫时要手劲均匀， 打孔间距和针脚整齐才能提高缝纫的美观性。

抹蜡

为加强线的韧度，可在线上
涂抹蜂蜡，抹蜡后的线会更
加直挺。

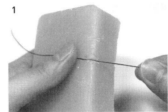 

❶ 左手握住蜂蜡，右手将线从蜂蜡边缘扯出，直至蜂蜡边缘形
成凹槽。

❷ 相同动作反复3~4遍，确保蜂蜡涂抹均匀。

穿针

将针穿过线身固定，以防止
因摩擦或施压而松脱。

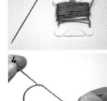 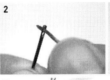 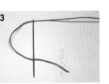

❶ 准备针和抹蜡后的线。

❷ 修剪线头，使之变尖，穿过针眼。

❸ 针源码穿过线身。

　TIP 可以多穿几次线身加固。

❹ 捏住针，拉紧线头。

❺ 将线理顺。

　TIP 缝线要预留出缝合距离4倍左右的量。

穿线

⬛ 缝纫和打结方法

手工缝制皮革，需掌握的缝纫方法和
打结方法。

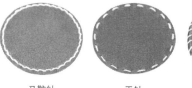

马鞍针　　　　　平针　　　　　锁边针

▮ 马鞍针

多用于皮革工艺，皮革前后纹路一样，就像用缝纫机缝制，马鞍针
缝制方向可以自行决定，本书是把皮革的外面放在右侧。

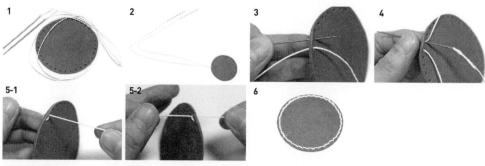

❶ 准备两个针，留出缝合距离3～4倍的线，从两侧分别穿针。

❷ 在起点穿一个针，使两根针下的线等长。

❸ 把左边的针1插入第二个针孔，从右上侧拔出。

❹ 把右边的针2插入第二个针孔，注意不要穿过针1，从左下方
拔出。

❺ 拉紧线，整理针脚（5-1从外侧拍摄，5-2从内侧拍摄）。
   TIP 如果针孔较大，可将两个针同时穿入和拔出，好处是不
   会弄错针。

❻ 打结收尾（参考打结方法1、2）。

打结方法1 → 隐藏式打结

❶ 在最后一个针孔时，把正面的针从皮革里侧
出针。

❷ 线头打两次结，并剪掉线。

❸ 用锤子捶打平整后涂抹黏合剂将线头粘牢。

打结方法2 → 隐蔽式打结

❶ 在最后一个针孔时，把外侧和内侧的针从
两张皮革中间出针。

❷ 线头打两次结，并剪掉线。

❸ 在线头涂抹黏合剂后塞进皮革缝隙，用锤
子捶打平整。

平针

基本的一字马针，间隔一个针孔缝制，比较简单。

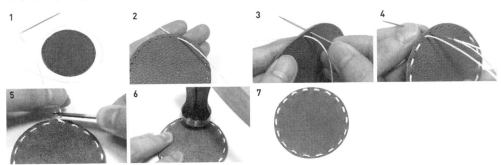

❶ 留出缝制长度1.5倍长度的线，在线的一端穿针。

❷ 从内侧插入针孔向外侧拔出，留3cm左右的线。

❸ 插入下一个针孔，从外侧向内侧拔出。

❹ 重复上述步骤。

❺ 将针插入最后一个针孔，与原先留出的线打两次结并剪掉线头。

❻ 用锤子捶打平整后涂抹黏合剂。

❼ 完成平针。

锁边针

多用于缝制多片皮革，针头从后向前拔出，比较结实。

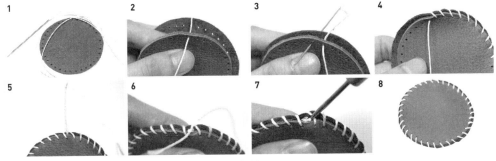

❶ 留出缝制长度3~4倍长度的线，在线的一端穿针。

❷ 从内侧皮革的针孔中穿针向外侧拔出，留3cm左右的线。

❸ 依次从下一个外侧皮革针孔和内侧皮革针孔出针。

❹ 重复上述步骤。

❺ 将原先留的线和最后的线从两个皮革中间带出。

❻ 打两次结并剪掉线头。

❼ 用锥子或镊子把线头塞进皮革之间。

❽ 完成锁边针。

⑮ 拼接鞋后跟

拼接皮鞋的鞋后跟。注意防止内皮和外皮错位，并仔细粘贴后跟的中线。

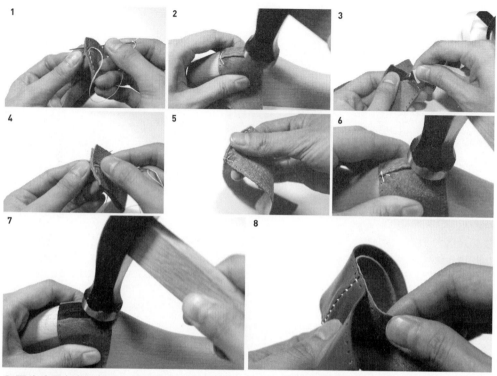

❶ 两片外层皮皮面朝外，用抹蜡后的亚麻线，以马鞍针缝合出中线。

    TIP 起止处可多缝几针加固。

❷ 内面朝外，紧贴在定型木架上，用锤子敲打中线，将凸起的皮革断面敲平。

❸ 在中线上贴一层加固胶布。

❹ 两片内层皮也用马鞍针缝合。

❺ 起止处加几针固定。

❻ 内层皮不用贴加固胶布，直接放在定型木架上敲平中缝。

❼ 再次敲打外层皮的中缝，排出空气，让胶布更加牢固。

❽ 在外层皮胶布上以及内层皮对应位置上涂抹黏合剂，将内层皮和外层皮对准位置粘起来。

<table>
<tr><td>

上鞋底

</td><td>

用黏合剂贴鞋底。

因鞋底直接与地面接触，所以要贴得牢固结实。

</td></tr>
</table>

🅐 婴幼儿鞋用橡胶鞋底

制作婴儿、幼儿、儿童的皮鞋一般选用橡胶鞋底，步骤如下。

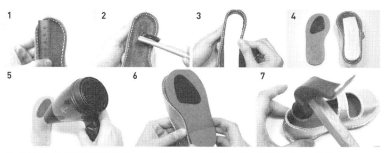

❶ 在距离鞋后跟顶端针脚8mm处，画记号线，标注鞋垫的顶端位置。

❷ 在鞋底皮革面上涂抹黏合剂。

❸ 在泡沫垫上涂抹黏合剂，与鞋底皮革面粘贴在一起。

❹ 在橡胶鞋底和泡沫垫上涂抹黏合剂后待用（边缘处小心溢胶），放置到胶面略微粘手。

❺ 用吹风机将橡胶鞋底吹到稍微发烫。

❻ 从脚后跟开始，将橡胶鞋底贴在泡沫垫上。

❼ 用力按压或用锤子捶打加固。

🅑 成人鞋用泡沫鞋底

制作成人皮鞋一般使用泡沫鞋底。

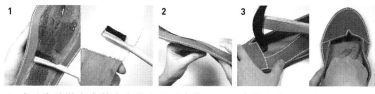

❶ 确认泡沫鞋底在鞋底皮革上的对应位置后，在鞋底皮革和泡沫鞋底上均匀涂抹黏合剂（边缘处小心溢胶）。

❷ 放置到胶面略微粘手后，从脚后跟开始粘贴泡沫鞋底。

❸ 用力按压或用锤子捶打加固。

图 样

Pattern

什么是图样？

图样是以平面形式展示立体的完成品。

充分理解图样才能进行正确的剪裁和制作。

图样标记方法

本书的图样以1、1_2、2等数字形式表示，以1开始的图样代表鞋面（皮带凉鞋除外），如果皮鞋的上半部分要用其他材料剪裁的图样或鞋底，则用除了1之外的其他数字表示。

棉鞋

棉鞋样式丰富，
剪裁图样时可粗略剪裁，更加凸显褶皱，
让棉鞋看上去更自然。

* **鞋面**：裸露在外的部分
* **内衬**：直接与双脚接触的部分
* **鞋面表层**：鞋面的外露面
* **鞋面内层**：鞋面的内里面

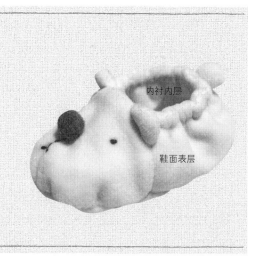

内衬内层

鞋面表层

▦ 所需工具

剪刀、线、针、镊子、纱剪、大头针

⊞ 解读图样的方法

❶ 实线：图样的最外侧线条，剪裁图样时的剪裁轮廓线，缝纫时对准的线。

❷ 虚线：主要指中心线，如图样1_2的横虚线表示需缝纫的线。

❸ s1、s2等字样：表示位置对应关系的备注符号，无其他意义。

★ 婴儿的棉鞋以中心线为准对称，没有左右脚之分。

图样1_1　图样1_3　图样2

图样1_2

⊞ 剪裁面料时的注意事项

❶ 本书面料的单位是"码"。

1码（yd）≈90cm

★ 面料的宽度一般是110~150cm不等，本书以150cm为准，因面料宽度不同，需要的量也有所不同，请仔细核对面料单位。

❷ 有褶皱的面料用熨斗熨平后再裁剪。

❸ 在面料上画图样时建议用面料专用水性笔，水性笔遇水即溶，非常方便。

❹ 棉鞋图样需在实线外留出一定宽度（本书建议1cm）的折边。

★ 留1cm折边时，图阴影的部分相当于是折边。

❺ 在面料上仔细标记备注点（s1、s2）和符号（▲）。

❻ 棉鞋同时需要表面和内衬2套图样。

★ 一只鞋需要的图样数量=[图样1_1+图样1_2+(图样1_3×2)+图样2]×2

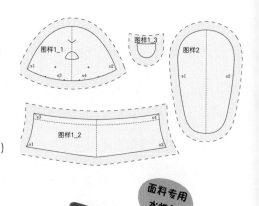

图样1_1　图样1_3　图样2

图样1_2

面料专用
水性笔

皮鞋

皮鞋有皮质材料特有的高贵感。裁剪时需按照图样的外廓线准确裁剪。

* **外皮**：裸露在外侧的皮鞋部分
* **内皮**：直接与双脚接触的部分
* **鞋帮**：由外皮和内皮贴合而成的皮鞋上半部分
* **后跟**：包住脚后跟的部分

⬛ 所需道具

剪刀、美工刀、针、纱剪、圆形打孔器、锤子、锥子、回形针

⬛ 解读图样的方法

❶ **实线**：图样的最外侧线条，剪裁型纸或皮革时需参照的线。

❷ **虚线**：主要指中心线。

❸ **p1、p2等字**：为了表示位置而自定义的符号，无任何意义。

　　★ 皮鞋图样有左右脚之分

⬛ 剪裁面料时的注意事项

❶ 皮鞋面料的单位是平方英尺和码

1平方英尺≈30.48cm×30.48cm

1码≈91.44cm

　　★ 参考p.66皮革的单位
　　原皮按照平方英尺为单位出售，皮革表面的瑕疵直接影响皮革的使用率，应仔细确认后再购买。

❷ 皮革要防止褶皱，不用时应卷起来保管。

❸ 在皮革上画图样时推荐使用字迹清晰的银色记号笔。

❹ 裁剪皮鞋无须留折边，严格按照图样裁剪即可。

❺ 要仔细标记p1、p2等备注点。

❻ 皮鞋有外皮和内皮之分，所以可以贴在一起裁剪和打孔。

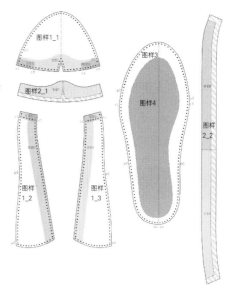

银色笔

　　★ 一只鞋需要的图样数量=外皮+内皮
　　外皮：（图样1_1+图样1_2+图样1_3+图样3）×2
　　内皮：（图样2_1+图样2_2+图样3+图样4）×2

软绵绵小熊宝宝学步鞋

■ 材料

面料：表面、内衬各1/5码

TIP 选择面料

表面和内衬推荐使用棉绒材质

辅料：0.5mm宽松紧带 1/2码，十字绣线，灰色棉绒球2个，白色棉绒球2个

完成品 p.2

大小 11cm

剪裁

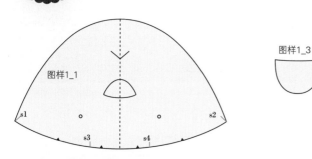

图样1_1

图样1_3

留1cm的折边裁剪表面和内衬

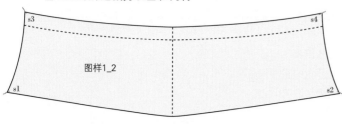

图样1_2

图样2

s1

s2

表面和内衬共用同一图样。图样1和2各单片留1cm折边，裁剪表面和内衬。剪裁两双图样1_3

制作

● 制作鞋面

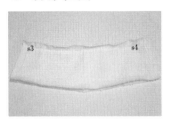

1 将图样1_2的表面和内衬贴边对位，用平针缝合s3~s4整条边。

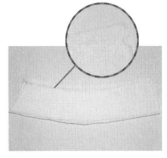

2 将上一步骤缝合的图样1_2翻面，用平针缝合s3~s4边向下7mm处（图样中的虚线位置）。

3 用别针穿在松紧带的一端，捏住别针，带引松紧带穿过上一步骤新缝出的孔隙。

4 整理松紧带使面料自然产生褶皱，用平针将两端收口缝合。

5 将图样1_3的表面和内衬贴边对位，沿曲线缝合后翻面，小熊耳朵就完成了。

6 将小熊耳朵放在图样1_1表面（如图），用平针将两者缝合固定。

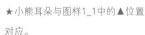

★小熊耳朵与图样1_1中的▲位置对应。

7 将第6步的成品与图样1_1内衬贴合，再与第4步成品用别针固定位置，用平针缝合。

★各s点对准位置。

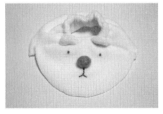

8 按图样1_1上标注的位置，以十字针绣出小熊的眼睛和嘴巴；将灰色棉绒球固定，做成小熊的鼻子。

● 制作鞋底并收尾

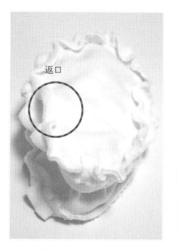

1 将鞋面内衬(图样1_1、1_2和1_3)和图样2内面的外侧料子贴在一起,用别针固定后以平针缝制。

2 把鞋面表面(有小熊眼睛、鼻子、嘴巴的一面)和图样2的表面贴在一起,用别针固定后留5cm左右的返口,以平针缝合。

3 通过返口把面料翻过来,用锁边缝方法缝合返口。

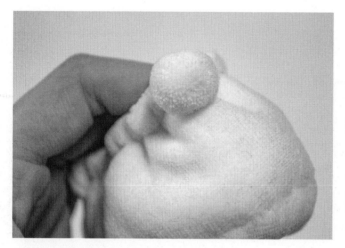

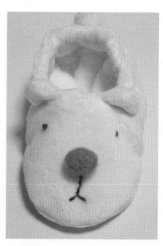

4 把白色棉绒球缝在后脚跟上。

5 整理外形,完成。

纽扣
学步鞋

材料

面料：表面1/10码（图样1和2），内衬1/10码（图样1和2），
棉花（图样2）

TIP 选择面料

表面和内衬推荐使用棉布或亚麻布

辅料：0.5mm宽松紧带 1/6码，纽扣1对

完成品 p.4
大小 11cm

剪裁

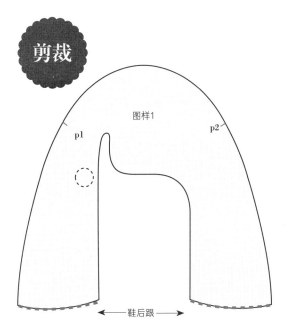

图样1

p1　　　　p2

←鞋后跟→

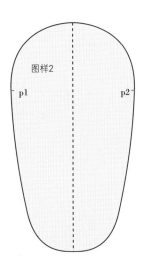

图样2

p1　　　　p2

表面和内衬的图样是一样的。

图样1和2需留1cm折边，裁剪表
面和内衬的外轮廓。

图样2的内衬上不留折边，铺上
棉花。

★在棉花表面喷水，然后贴在布料上用
熨斗熨平。

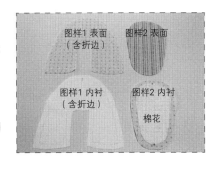

图样1 表面
（含折边）

图样2 表面

图样1 内衬
（含折边）

图样2 内衬

棉花

制作

● 制作鞋面

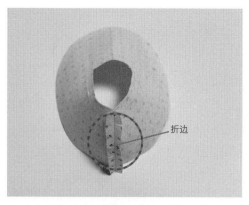

折边

1 把图样1表面的后脚跟部位贴合在一起，用平针缝制后，分开折边。

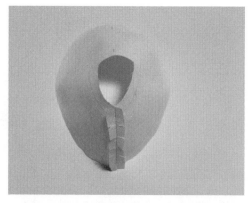

2 把图样1内衬的后脚跟部位贴合在一起，用平针缝制后，分开折边。

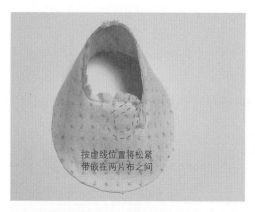

按虚线位置将松紧带嵌在两片布之间

3 把图样1的表面和内衬贴合在一起，用平针沿上折边线缝制，同时将松紧带嵌在布片间固定。

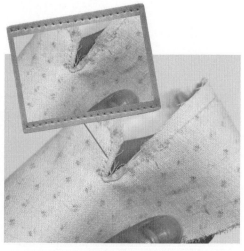

4 整理松紧带周围的折边，用剪刀裁剪出轮廓。

🔵 制作鞋底并收尾

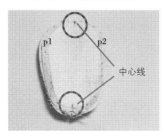

1 将鞋面内衬和图样2的内衬贴合在一起，用别针固定后以平针缝制。

★注意对准前后中心线和各个p点。

2 把鞋面表面和图样2的表面贴在一起，用别针固定后留5cm左右的返口，以平针缝制。

3 从返口把鞋面翻过来。

4 用锁边法缝合返口。

5 如图，把纽扣缝在对应位置。

6 整理外形，完成。

亮闪闪心形学步鞋

材料

面料：外表皮革1平方英尺（图样1_1和1_2）、内里皮革1平方
英尺（图样1_1和1_2），鞋底皮革1/3平方英尺（图样2）

TIP·选择面料

外表皮革推荐使用绒面皮，鞋底皮革推荐使用2mm厚的牛皮

辅料：蜡线，50mm宽松紧带 1/3码(图样3_1和3_2)，无纺布贴
纸1对

完成品 p.6
大小 11cm

剪裁

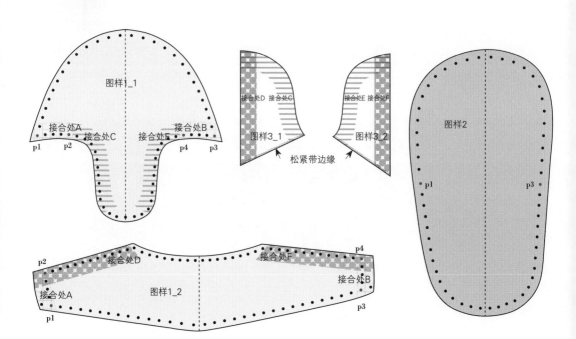

图样1_1

接合处A　接合处C

接合处B
接合处E

p1　p2　　　　　p4　p3

接合处D 接合处C

接合处E 接合处F

图样3_1　　图样3_2

松紧带边缘

图样2

p1　　　　　p3

p2　　接合处D

接合处F　　p4

接合处A　　图样1_2

接合处B

p1　　　　　　p3

● 图样 1_1

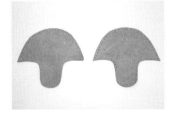

1 将外表皮革剪裁成图样1_1。

2 将上一步骤成品紧贴在一块大小相当的内里皮革上（可涂少量黏合剂防止跑位）；沿成品边缘，裁切出一块等大的内里皮。

● 图样 1_2

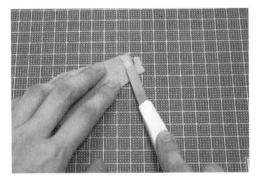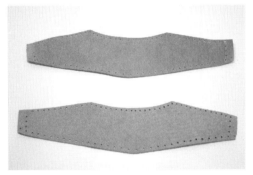

1 用外用皮革剪裁出图样1_2，削薄接合处A、B的正面。

★正面指皮革的外侧，背面指皮革的内侧。正面和背面的说明请见p.66。

2 用图样1_1的2~3同样的方法做出一块内用皮革。

● 图样 2

1 将鞋底皮革剪裁成图样2，用打孔器打孔。

● 图样 3_1 和 3_2

1 将松紧带剪裁成图样3_1和3_2，注意保留松紧带边缘。

制作

● 制作鞋面（图样1_2、3_1和3_2）

从背面缝制内皮，不会露在外面哦~

1 在图样1_2的背面、松紧带3_1和3_2前面的接合处D和F位置涂抹黏合剂。

2 把接合处D和F粘在一起。

3 将图样1_2的外皮和内皮贴在一起，沿着p2~p4区间用马鞍针缝制（参见p.78）。

★松紧带无须打孔。

● 制作1_1甲皮

粘在一起的反面

1 在图样1_1外皮背面和3正面的A、B、C、E处接点涂抹黏合剂。

2 把接点A、B、C、E粘在一起。

3 将上步骤成品和内皮相贴，用平针按p1~p2~p4~p3顺序缝合。

● 制作鞋底并收尾

1 把完成的鞋面和图样2贴在一起，从鞋尖处开始用锁边针缝合。

2 将鞋尖部分翻出，把线尾整理好。

3 在鞋里塞进报纸定型。

★可在鞋面上贴装饰。

蕾丝宝宝玛丽珍鞋

材料

面料：外表皮革1平方英尺（图样1_1、1_2和1_3），内里皮革1平方英尺（图样1_1、1_2和1_3)，鞋底皮革1/3平方英尺（图样2）

TIP 选择面料

外表皮革推荐使用又薄又软的羊皮，鞋底皮革推荐使用2mm厚的牛皮

辅料：蜡线，魔术贴 1/4码，蕾丝（1mm×10mm）1/2码

TIP 选择辅料

魔术贴又名粘扣带，是衣服上常用的一种连接辅料，分子母两面，一面是细小柔软的纤维，另一面是较硬带钩的刺毛

完成品 p.8
大小 11cm

剪裁

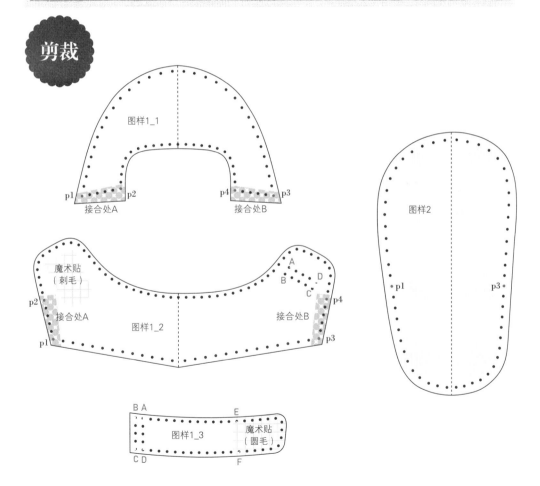

图样1_1

p1　p2　　　　　p4　p3
接合处A　　　　　接合处B

魔术贴
（刺毛）

p2
接合处A
图样1_2

A
B　D
C
p4
接合处B
p1　　　　　　　　p3

图样2

* p1　　　　　p3 *

B A　　　　　　E
图样1_3　　魔术贴
（圆毛）
C D　　　　　　F

● 图样 1_1

 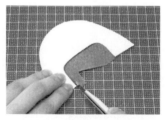 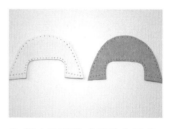

1 用外表皮革剪裁图样1_1，削薄接合处A、B的正面（剪裁参考p.74）。

2 将上一步骤成品紧贴在一块大小相当的内里皮革上（可涂少量黏合剂防止跑位）；沿成品边缘，裁切出一块等大的内里皮。

3 将内外两块成品贴合固定，打孔后备用。

● 图样 1_2，1_3

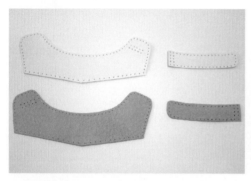 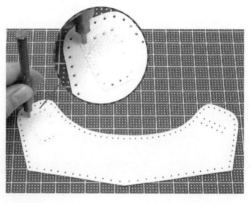

1 参照图样1_1的方法，用外表皮革和内里皮革剪裁1_2和1_3后备用。

2 将魔术贴（刺毛）放在图样1_2上的标注区，沿魔术贴边缘向内2mm处打一圈4mm间隔的孔。

● 图样 2

3 用平针固定魔术贴（刺毛）。

4 按图样1_3所示，剪裁处一块等大的魔术贴（圆毛），根据内皮孔位在魔术贴上打孔。

1 用鞋底皮革剪裁图样2，打孔备用。

制作

● 制作鞋面（图样 1_1 和 1_2）

1 在图样1_1外皮正面和图样1_2外皮背面的接合处A和B位置涂抹黏合剂。

2 粘贴图样1_1和图样1_2外皮接合处A和B。

3 粘贴图样1_1和图样1_2内皮接合处A和B。

4 将图样1_2的外皮和内皮相贴，用马鞍针按p1~p2~p4~p3顺序缝合。

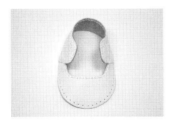

5 将图样1_1的外皮和内皮相贴，用马鞍针按p2~p4顺序缝合。

● 制作鞋面（图样 1_3）● 制作鞋底并收尾

1 把图样1_3的内皮和外皮贴在图样1_2上，用马鞍针按A~B~C~D~A~E~F~D顺序缝合。

1 把完成的鞋面和图样2贴在一起，用锁边针缝制。

★注意对准前后中心线和各个p点。

2 在完成的皮鞋里塞进报纸定型。

★根据个人喜好，可在鞋背上贴上蕾丝蝴蝶结。

魔术贴宝宝鞋

材料

面料：外表皮革1平方英尺（图样1_1、1_2和1_3）、内里皮革1平方英尺（图样1_1、1_2和1_3），鞋底皮革1/3平方英尺（图样2）

TIP 选择面料

外表皮革推荐使用又薄又软的羊皮，鞋底皮革推荐使用结实的牛皮

辅料：蜡线，魔术贴 1/4码，钥匙链小饰品

完成品 p.10
大小 11cm

剪裁

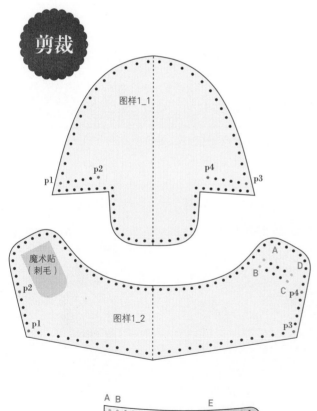

图样1_1

p1　p2　p4　p3

魔术贴
（刺毛）

p2

图样1_2

p1　　　　　p3

A
D
B
C　p4

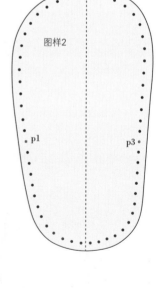

图样2

p1　　　　　　p3

A B　　　　E
图样1_3　魔术贴
（圆毛）
C D　　　　F

● 图样 1_1

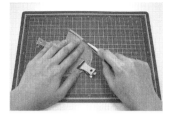  

1 用外表皮革剪裁图样1_1。

2 将上一步骤成品紧贴在一块大小相当的内里皮革上（可涂少量黏合剂防止跑位）；沿成品边缘，裁切出一块等大的内里皮。

3 将内外两块成品贴合固定，打孔后备用。

● 图样 1_2 和 1_3

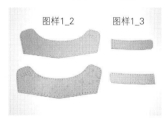 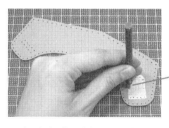 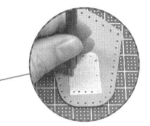

1 参照图样1_1的方法，用外表皮革和内里皮革剪裁1_2和1_3。

2 将魔术贴（刺毛）放在图样1_2上的标注区，沿魔术贴边缘向内2mm处打一圈4mm间隔的孔。

● 图样 2

3 用平针固定魔术贴（刺毛）。

4 按图样1_3所示，剪裁出一块等大的魔术贴（圆毛），根据内皮孔位在魔术贴上打孔。

1 用鞋底皮革剪裁图样2，打孔备用。

制作

● 制作鞋面（图样 1_1 和 1_2）

1 把图样1_1外皮和内皮贴边对位，用马鞍针缝合折边（如图）。

2 将图样1_2的外皮和内皮对齐，按标注点位置贴放在图样1_1上，用马鞍针缝合4层皮的p1~p2边。

3 用马鞍针缝合图样1_2内外两层皮的p2~p4边，再用马鞍针缝合4层皮的p4~p3边。

● 制作图样 1_3

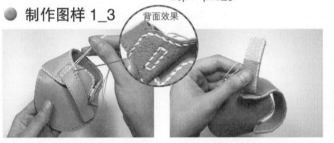

背面效果

1 将图样1_3的外皮和内皮对齐，按标注点位置贴放在图样1_2上，用马鞍针按A-B-C-D-A的顺序缝合4层皮。

2 在图样1_3上，用马鞍针按B-E-F-D的顺序缝合边线；从E到F的部分，加魔术贴（圆毛）一起缝制。

3 最后一针从图样1_3内外皮间出针，打结后，在线头上涂抹黏合剂固定。

● 制作鞋底并收尾

1 把完成的鞋面和图样2贴放在一起，用锁边针缝合。

★注意对准前后中线和各个标注点。

2 在鞋里塞进报纸定型。

★根据个人喜好，可在鞋带上加些小饰品。

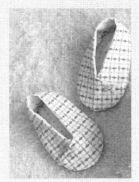

和风
宝宝套鞋

☰ 材料

面料：表面1/10码（图样1和2），内衬1/10码（图样1和2），
棉花（图样2）

TIP 选择面料

表面和内衬推荐使用亚麻材质

辅料：装饰用纽扣6个

完成品 p.12
大小 11cm

剪裁

图样1和2留1cm折边，裁剪表面和内
衬，在图样2的内衬上铺棉花。

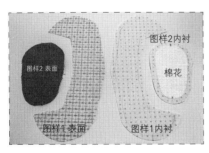

图样1和2留1cm折边，裁剪表面和内
衬，图样2的内衬上不留折边，铺上
棉花。

★在棉花表面喷水，然后贴在布料上用熨斗
熨平。

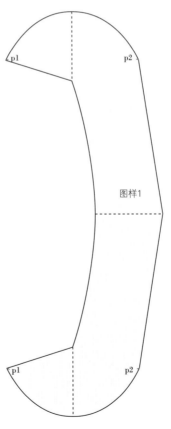

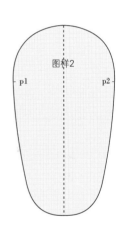

101

制作

● 制作鞋面

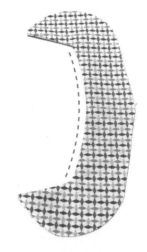

1 将图样1的表面和内衬以花纹面相贴，用平针缝合p1~p1整条边。

2 将上步骤成品翻开，使鞋面布料花纹朝外。

● 制作鞋底并收尾

1 将图样2表面与内衬花纹朝外相贴；对准中线和标注点，将鞋面的内衬朝外围在图样2之上，用别针固定位置。

2 沿折边，用平针将鞋面与鞋底缝合。

3 图样1的两条p1~p2边重合相贴，用平针缝合。

4 将鞋面翻开，整理鞋型轮廓。

小樱桃
宝宝套鞋

材料

面料：表面1/10码（图样1_1、1_2和2），内衬1/10码（图样
1_1、1_2和2），棉花（图样2）

TIP 选择面料

表面和内衬推荐使用棉布材质

辅料：0.5mm松紧带 1/2码，装饰花 1对

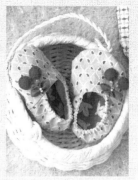

完成品 p.14
大小 11cm

剪裁

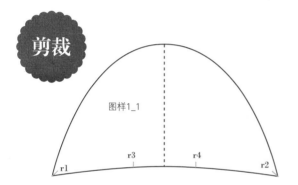

图样1_1

r1　r3　r4　r2

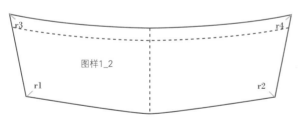

r3　r4

图样1_2

r1　r2

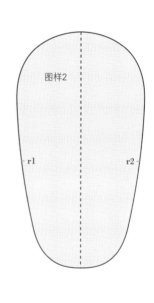

图样2

r1　r2

表面和内衬的图样是一样的。
图样1_1和1_2留1cm折边，裁剪表
面和内衬，图样2的内衬不留折边，
贴上棉花。

★用喷水器在棉花的颗粒部分喷水，然后贴
在面料上用熨斗熨平。

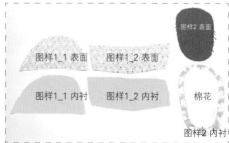

图样2 表面

图样1_1 表面　图样1_2 表面

图样1_1 内衬　图样1_2 内衬

棉花

图样2 内衬

制作

● 制作鞋面

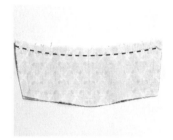

1 将图样1_2的表面和内衬以花纹面相贴，用平针缝合虚线边（如图）。

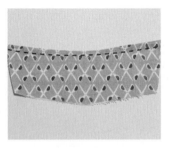

2 将上步骤成品翻开，使鞋面布料花纹朝外。用平针在顶边向下7mm处再缝一条边（如图）。

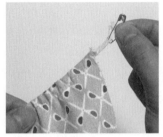

3 用别针穿在松紧带的一端，捏住别针，带引松紧带穿过上一步骤新缝出的孔隙。

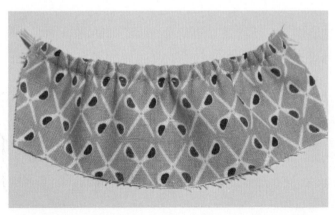

4 整理松紧带使面料自然产生褶皱，用平针将两端收口缝合。

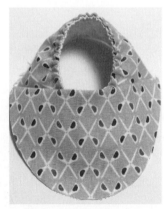

5 将图样1_2的表面和内衬贴边对位，并按照标注点位置覆在图样1_1上，用别针固定位置，用平针缝合图样1_1上的r1~r2弧形边。

● 制作鞋底并收尾

1 将鞋面内衬面和图样2内衬面按标注点位置贴放（如图），用别针固定后用平针缝合。

2 将鞋面表面和图样2表面贴在一起，用别针固定后留5cm左右的返口，以平针缝合。

3 从返口把鞋翻过来。

4 用锁边针将返口缝补完整。

5 整理鞋的轮廓。

★ 根据个人喜好，可在鞋面上加些装饰。

毛绒球
宝宝靴

材料

面料：外表面料1/10码（图样1_1、1_2、1_3和2），内衬面料
1/10码（图样1_1、1_2、1_3和2）

TIP 选择面料

外表面料推荐使用亚麻或棉布，内衬面料推荐使用毛绒材质

辅料：装饰用毛绒球 1对

完成品 p.16
大小 11cm

剪裁

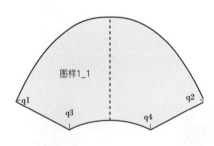

图样1_1

q1 q2 q3 q4

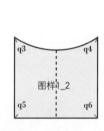

q3 q4
图样1_2
q5 q6

图样2

q1 q2

图样1_3

q5 q6
q3 q4
q1 q2

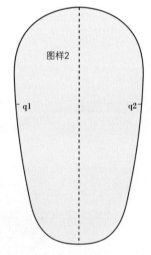

图样1_1 表面　图样1_2 表面　图样2 表面
图样1_1 内衬　图样1_2 内衬　图样2 内衬
图样1_3 表面
图样1_3 内衬

图样1_1、1_2、1_3和2留1cm折边，
裁剪表面和内衬。

制作

● 制作鞋面

1 将图样1_1和1_2根据q3和q4两点位置贴边对位，用平针缝合q3~q4整条边。

2 将图样1_1、1_2和1_3根据q1、q3、q5和q2、q4、q6两组标注点位置贴边对位，用平针缝合q1~q3~q5和q2~q4~q6两条边。

3 参照步骤1~2，用平针缝制图样1_1和1_2的内衬。

4 将图样的外面和内衬分别两两相贴，用平针缝制q5~q6边。

● 制作鞋底并结尾

1 将鞋面内衬和图样2内衬的外侧贴在一起，用别针固定后用平针缝制。

2 将鞋面表面和图样2的表面贴在一起，用别针固定后留5cm左右的返口，用平针缝制。

3 通过返口把面料翻过来，用锁边针将返口缝补完整。

4 将毛球固定在鞋面上。

妈妈做的
公主鞋

完成品 p.18
大小 16cm

材料

面料：外表皮革1平方英尺（图样1）、内里皮革1平方英尺（图样1），鞋底皮革1/2平方英尺（图样3）

TIP 选择面料

外表皮革推荐使用薄软的羊皮，鞋底皮革推荐使用2mm厚的牛皮

辅料：蕾丝带1码，装饰花1对，7mm松紧带（图样2）1/2码，蜡线，麻线，皮质松紧带，泡沫垫2个，鞋底1双

剪裁

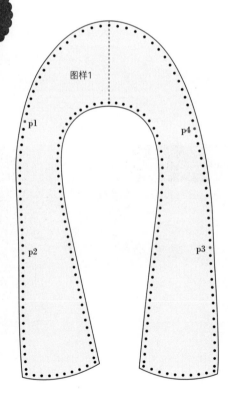

图样1

p1

p4

p2

p3

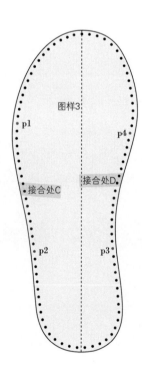

图样3

p1

p4

接合处C

接合处D

p2

p3

接合处C	图样2	接合处D

图样 1

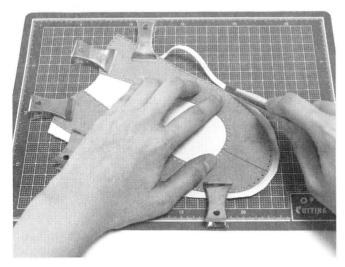

1 用外表皮革剪裁图样1。

2 将上一步骤成品紧贴在一块大小相当的内里皮革上（可涂少量黏合剂防止跑位）；沿成品边缘，裁切出一块等大的内里皮。

3 垫上垫子，用打孔器打孔后将外皮和内皮分离。

图样 2

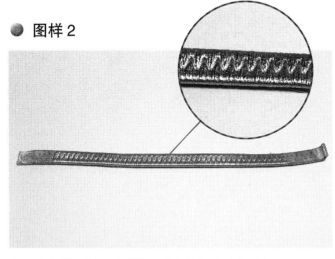

1 剪裁皮质松紧带，打磨两端接合处C、D（如图）。

图样 3

1 用鞋底皮革剪裁图样3，再用打孔器打孔。

制作

● 制作鞋面

1 拼接图样1内皮的鞋后跟（参见p.80）。

2 从鞋口前面中心开始，用平针固定蕾丝带，注意在起点即外皮和内皮之间留出足够的余线。

3 缝完一圈蕾丝带，最后一针的线头跟步骤2留下的余线打结。

4 将多余的蕾丝带剪掉。

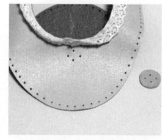

5 标记装饰花的位置后在外皮上打四个孔，并剪出粘贴装饰花的小皮革。

6 将小皮革的绒面朝上，用亚麻线将其固定。

● 制作鞋底并收尾

1 把完成的鞋面和图样3贴在一起，用马鞍针缝合。

★注意对准前后中心线和各个p点。

2 将皮质松紧带两端用黏合剂贴在接合处C、D点。

3 用加固胶布贴好。

4 在离图样3背面后脚跟8mm的位置贴上鞋底（参见p.81）。

5 粘上装饰花，在皮鞋里塞进报纸定型。

吊坠宝宝鞋

材料

面料：外表皮革1平方英尺（图样1_1、1_2、1_3）、内里皮革
1平方英尺（图样2)，鞋底皮革1/2平方英尺（图样3）

TIP 选择面料

外表皮革推荐使用简单大方的绒面皮，鞋底皮革推荐使用2mm
厚的牛皮

辅料：蜡线，麻线，泡沫垫2个，鞋底1双，小装饰品1对

完成品 p.20
大小 15cm

剪裁

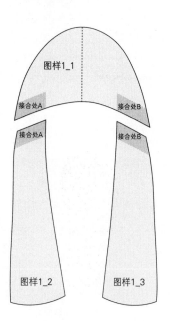

图样1_1

接合处A 接合处B

接合处A 接合处B

图样1_2　图样1_3

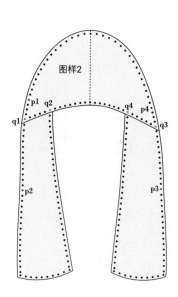

图样2

p1 q2　　　q4 p4
q1　　　　　　q3

p2　　　　　p3

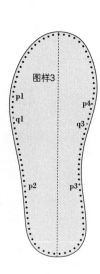

图样3

p1　　　p4
q1　　　q3

p2　　　p3

图样 1_1、1_2 和 1_3

1 用外表皮革剪裁图样1_1、1_2和1_3。

2 将图样1_2和1_3外皮接合处A、B的正面削薄。

3 在图样1_1外皮背面，图样1_2和1_3外皮正面接合处A、B上涂抹黏合剂。

4 用打孔器在图样2的q1~q3边打孔。

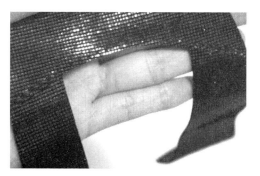 

5 用马鞍针缝合q1~q2和q3~q4两条边。

6 在上步骤出现马鞍针的外表皮革背面位置（q1~q2和q3~q4）涂抹黏合剂，将其粘贴在鞋面内皮材料上，按轮廓剪裁图样2。

图样 3

7 将图样2内外皮间涂抹黏合剂固定位置，用打孔器沿外轮廓打孔备用。

★q2~q4区间按照外皮已有的孔打孔。

1 用鞋底皮革剪裁图样3，并用打孔器打孔。

制作

● 制作鞋面（图样 1_2、3_1 和 3_2）

1 拼接图样2的鞋后跟（参见p.80）。

2 用马鞍针缝合鞋口（如图）。

● 制作鞋底并收尾

1 将完成的鞋面和图样3贴在一起，用马鞍针缝合。

2 上鞋底（参见p.81）。

3 在里塞进鞋楦或报纸定型。

★根据个人喜好，可在鞋背加装心形吊坠。

How to make

咖色真皮豆豆鞋

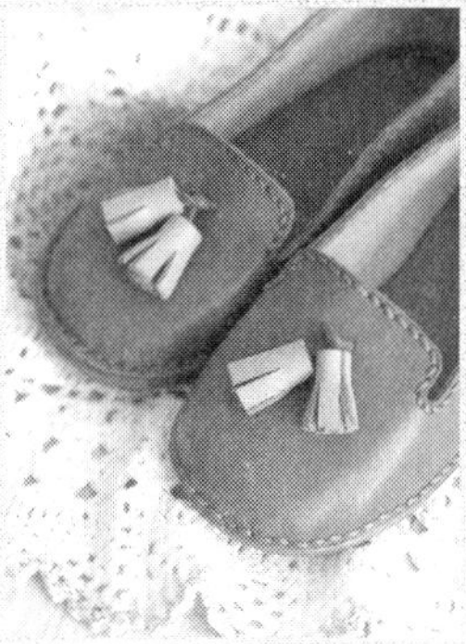

材料

面料：外表皮革1/3平方英尺（图样1_1）、内里皮革1/3平方英尺（图样1_1），装饰皮革1/4平方英尺（图样1_2），鞋底皮革1/2平方英尺（图样2）

TIP 选择面料

外表皮革推荐使用又薄又软的羊皮，鞋底皮革推荐使用2mm厚的牛皮，装饰皮革利用裁边料皮革

辅料：蜡线，麻线，加固胶带，泡沫垫2个，鞋底1双

完成品 p.22

大小 13cm

剪裁

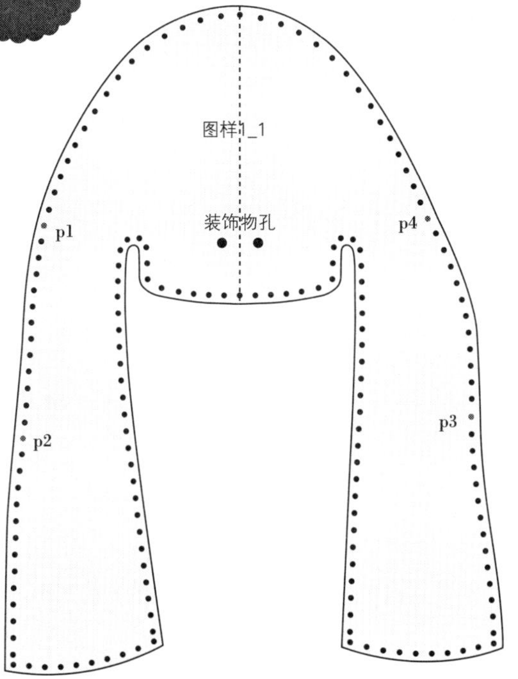

图样1_1
装饰物孔
p1
p4
p2
p3

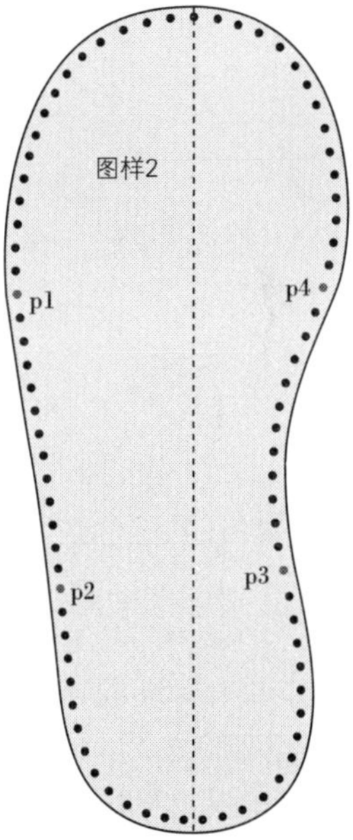

图样2
p1
p4
p2
p3

图样1_2

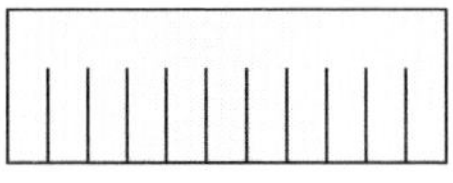

图样 1_1

1 用外表皮革剪裁图样1_1。

2 将上一步骤成品紧贴在一块大小相当的内里皮革上（可涂少量黏合剂防止跑位）；沿成品边缘，裁切出一块等大的内里皮。

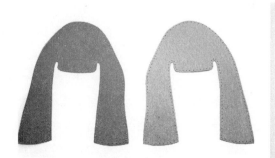 

3 将图样1_1内外皮贴合固定，打孔后备用（装饰物孔除外）。

4 在图样1_1的外皮上打装饰物孔。

图样 1_2

1 用装饰皮革剪裁图样1_2。

2 在外表皮革上裁出2mm×50mm、2mm×100mm大小的流苏绳子。

图样 2

1 用鞋底皮革剪裁图样2，打孔备用。

制作

● 做流苏绳

1 将2mm×50mm大小的皮绳前端削薄。

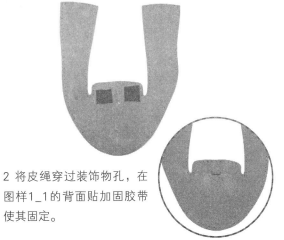

2 将皮绳穿过装饰物孔，在图样1_1的背面贴加固胶带使其固定。

流苏绳穿过孔眼的正面效果

● 制作鞋面

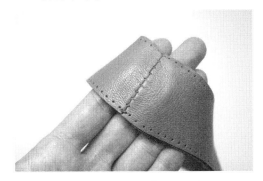

1 拼接图样1_1的鞋后跟（参见p.80）。

2 用马鞍针缝合鞋口（如图）。

● 制作鞋底并收尾

1 把图样1_1和图样2贴合对位，用马鞍针缝合。

2 上鞋底（参见p.81）。

3 用2mm×100mm大小的流苏绳在鞋面打结，绳端等长下垂（参见p.160）。

4 在图样1_2背面涂抹黏合剂，在皮绳两端卷成流苏形状。

5 在鞋里塞进鞋楦或报纸定型。

魔术贴玛丽珍鞋

材料

面料：外表皮革1/3平方英尺（图样1_1和1_2）、内里皮革1/3平方英尺（图样1_1和1_2)，鞋底皮革1/2平方英尺（图样2）

TIP 选择面料

外表皮革推荐使用又薄又软的羊皮，鞋底皮革推荐使用2mm厚的牛皮

辅料：蜡线，麻线，加固胶带，纽扣1对（宽度11mm左右），魔术贴1对，泡沫垫2个，鞋底1双

完成品 p.24
大小 **13cm**

剪裁

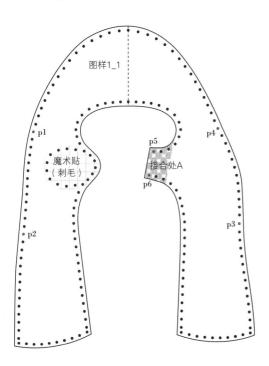

图样1_1

p1

魔术贴
（刺毛）

p2

p5
接合处A
p6

p4

p3

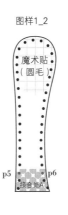

图样1_2

魔术贴
（圆毛）

p5   p6
接合处A

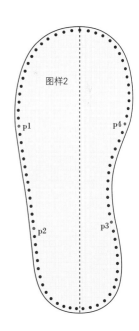

图样2

p1

p4

p2

p3

● 图样 1_1

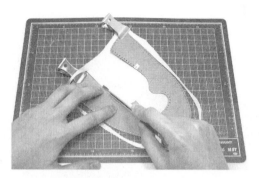

1 用外表皮革剪裁图样1_1。

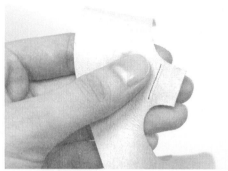

2 削薄接合处A的背面。

3 将上一步骤成品紧贴在一块大小相当的内里皮革上（可涂少量黏合剂防止跑位）；沿成品边缘，裁切出一块等大的内里皮。

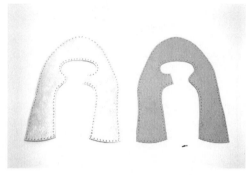

4 将内外两块成品贴合固定，打孔后备用。

● 图样 1_2

1 用外表用皮革剪裁图样1_2，削薄接合处A的正面。

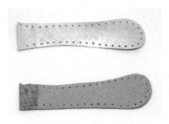

2 重复图样1_1中步骤3~4的做法。

● 图样 2

1 用鞋底皮革剪裁图样2并打孔。

制作

● 贴魔术贴

1 将魔术贴（刺毛）放在图样1_1上的标注区，沿魔术贴边缘向内2mm处打一圈4mm间隔的孔，用平针缝合魔术贴。

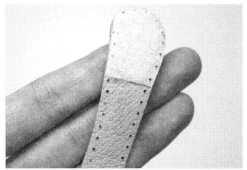

2 将魔术贴（圆毛）贴在图样1_2的内皮上一起打孔。

● 贴纽扣

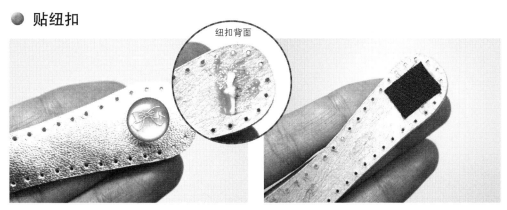

纽扣背面

1 在图样1_2的外皮上打孔，用粗线固定纽扣并打结。

2 在纽扣线头处面涂抹黏合剂，贴上加固胶带。

● 制作鞋面

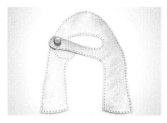

1 在图样1_1外皮背面和图样1_2外皮正面的接合处A位置涂抹黏合剂。

2 将上一步成品按接合处A位置粘贴在一起。

3 在图样1_1和图样1_2内皮的接合处A位置涂抹黏合剂，使其粘在一起。

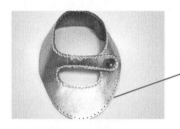

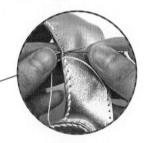

4 将图样1_1的内外皮的鞋后跟部分拼接在一起（参见p.80）。

5 用马鞍针缝合鞋面边缘。
★带有魔术贴的部位也一并缝合。

● 制作鞋底并收尾

1 将鞋面和图样2贴在一起，用马鞍针缝合。
★注意对准前后中心线和各个p点。

2 上鞋底（参见p.81）。

3 在皮鞋里塞进报纸定型。

花朵鞋带
玛丽珍鞋

材料

面料：外表皮革1平方英尺（图样1）、内里皮革1平方英尺（图样1），鞋底皮革1/2平方英尺（图样3）

TIP 选择面料

外皮和鞋底皮革推荐使用2mm厚的牛皮

辅料：15mm宽松紧带（图样2）1/2码，蜡线，麻线，松紧带，装饰花，泡沫垫2个，鞋底1双

完成品 p.26
大小 **15cm**

剪裁

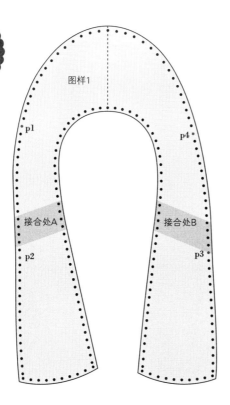

图样1

p1

p4

接合处A

接合处B

p2

p3

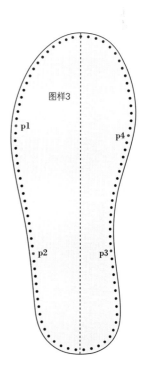

图样3

p1

p4

p2

p3

接合处A	图样2	接合处B

图样 1

1 用外表皮革剪裁图样1，在背面标注接合处A和B。

2 将上一步骤成品紧贴在一块大小相当的内里皮革上（可涂少量黏合剂防止跑位）；沿成品边缘，裁切出一块等大的内里皮。

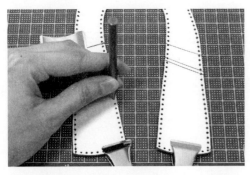
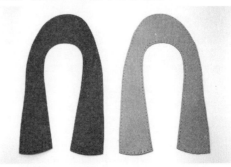

3 垫上垫子，用打孔器打孔。

4 将外皮和内皮分离。

图样 2

1 根据图样2剪裁松紧带，标示接合处A和B。

图样 3

1 用鞋底皮革剪裁图样3，用打孔器打孔。

制作

● 制作鞋面

1 拼接图样1的鞋后跟（参见p.80）。

2 在图样1外皮背面和图样2松紧带正面接合处A、B位置涂抹黏合剂。

3 将接合处A、B相贴后在松紧带和图样1内皮背面也涂抹上黏合剂。

4 用马鞍针缝制鞋面边缘。

● 制作鞋底并收尾

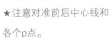

1 把完成的鞋面和图样3贴在一起，用马鞍针缝制。

★注意对准前后中心线和各个p点。

2 上鞋底（参见p.81）。

3 贴上装饰花（可参考p.162）。

4 在皮鞋里塞进报纸定型。

凉爽银光凉拖

材料

面料： 外表皮革1平方英尺（图样1）、内里皮革1平方英尺（图样1），鞋底包边皮革1平方英尺（图样2），鞋底皮革1/2平方英尺（图样3）

TIP 选择面料

外表厚皮革推荐使用简单大方的羊皮，鞋底皮革推荐使用2mm厚的牛皮

鞋底包边皮革要又薄又柔软，厚度在1mm以下为宜

辅料： 蜡线，麻线，泡沫垫2个，60目砂纸，鞋底1双

完成品 p.28
大小 16cm

剪裁

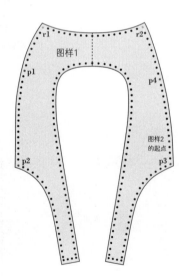

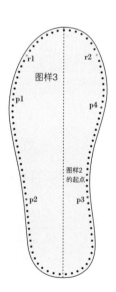

| 图样2 的起点 | p4 | r2 | r1 | p1 | 图样2 | p2 | | p3 | 折边 |

● 图样 1

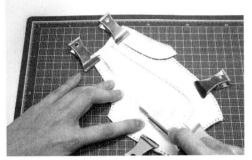

1 用外表皮革剪裁图样1。

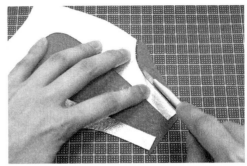

2 将上一步骤成品紧贴在一块大小相当的内里皮革上（可涂少量黏合剂防止跑位）；沿成品边缘，裁切出一块等大的内里皮。

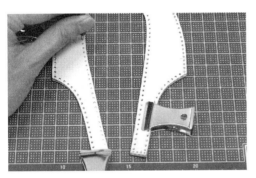

3 垫上垫子，用打孔器打孔。

4 将外皮和内皮分离。

● 图样 2

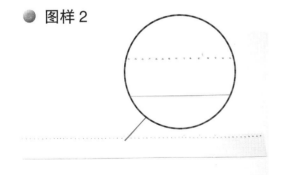

1 用鞋底包边皮革剪裁图样2。

● 图样 3

1 用鞋底皮革剪裁图样3，用打孔器打孔。

制作

● 制作鞋面

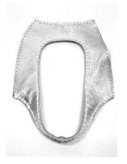

1 连接图样1的鞋后跟（参见p.80）。

2 用马鞍针缝制鞋面的r1~r2边。

3 用马鞍针缝制p2~p3边。

4 用马鞍针缝制一圈鞋口。

● 外底周围

1 从下往上按照图样3正面、图样1正面、图样2背面的顺序放置，对准"图样2的起点"，用马鞍针缝制。

★注意对准前后中心线和各个p点和r点。

2 图样2的折边搭叠在已缝过的部分上用马鞍针缝完。

★折边以10mm为宜。

3 确认3个图样间有无错位。

128

4 在图样2整个背面和图样3背面边缘20mm左右，涂抹黏合剂。

5 最大限度地抻平图样2，粘贴在图样3的背面。

6 将折边内侧也涂抹黏合剂，将其贴在图样3上。

7 用手按压鞋底包边，使其平整定型。

● 制作鞋底并收尾

  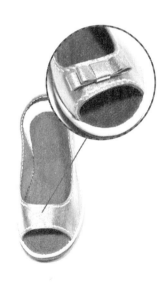

1 为防止包边掀开，将贴在图样3上的包边用砂纸打磨薄。

2 上鞋底（参见p.81）。

3 在皮鞋里塞进鞋楦或报纸定型。

★根据个人喜好，可在鞋背贴上蝴蝶结。

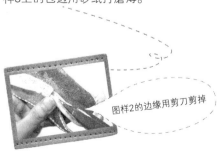

图样2的边缘用剪刀剪掉

可爱黑猫单鞋

材料

面料：外表皮革1/3平方英尺（图样1）、内里皮革1/3平方英尺（图样1），鞋底皮革1/2平方英尺（图样2）

TIP 选择面料

外表皮革推荐使用绒面皮，鞋底皮革推荐使用2mm厚的牛皮

辅料：蜡线，麻线，8mm椭圆烫钻4个，5mm圆形粉红色烫钻2个，2.5mm圆形粉红色烫钻12个，泡末垫2个，鞋底1双

完成品 p.30
大小 13cm

剪裁

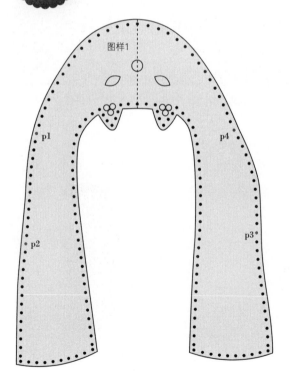

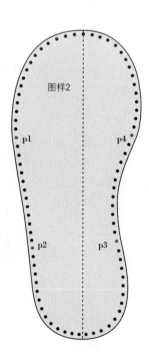

● 图样 1

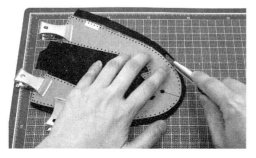

1 用外表皮革剪裁图样1。

2 将上一步骤成品紧贴在一块大小相当的内里皮革上,涂适量黏合剂防止跑位。

3 沿成品边缘,裁切出一块等大的内里皮。

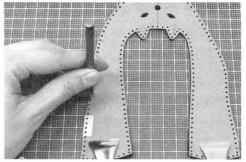

4 垫上垫子,用打孔器打孔。

5 将外皮和内皮分离。

● 图样 2

1 用鞋底皮革剪裁图样2,用打孔器打孔。

制作

● 贴烫钻

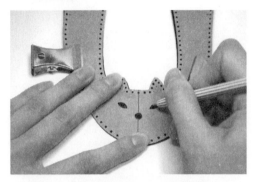

1 在图样1外皮正面标注烫钻的位置。

2 用镊子夹住烫钻，用打火机融化烫钻的背胶。

★用打火机火苗中的蓝色部位才不会烧黑烫钻。

3 把烫钻贴在标注的位置。

4 将镊子用力下压烫钻使其固定。

★注意不要烫伤手。

● 制作鞋面

1 拼接图样1的鞋后跟（参见p.80）。

2 用马鞍针缝合鞋面边缘。

● 制作鞋底并收尾

1 把完成的鞋面和图样2贴在一起，用马鞍针缝制。

2 上鞋底（参见p.81）。

3 在皮鞋里塞进鞋楦或报纸定型。

★注意对准前后中心线和各个p点。

彩色
休闲鞋

🧾 材料

面料： 外表皮革2平方英尺（图样1_1和1_2）、内里皮革2平方英尺（图样2_1、2_2、3和4)，鞋底皮革1平方英尺（图样3）

TIP 选择面料

外表皮革、鞋底皮革推荐使用2mm厚的柔软牛皮
太厚或太硬的皮革不好制作且不合脚

辅料： 蜡线，泡沫垫2个，鞋底1双

完成品 p.32
大小 23.5cm

剪裁

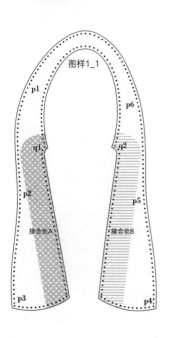

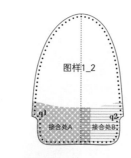

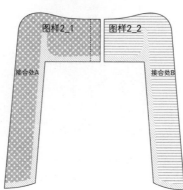

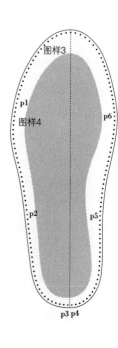

● 图样 1 和 2

1 用外表皮革剪裁图样1_1和1_2，用打孔器打孔。

2 用内里皮革剪裁图样2_1和2_2。

● 图样 3

1 用鞋底皮革背面剪裁图样3，用砂纸在图样3上轻磨图样4的部分。

★成人皮鞋要把鞋底皮革的正面贴向地面，剪裁时注意区分左右脚图样。

2 在打磨过的图样3的部位和内里皮革裁出的图样4背面上涂抹黏合剂。

3 将图样3和4粘贴在一起。

4 在离图样4边缘3mm处按2cm间隔打孔，用平针缝合一圈。

5 在离图样3后脚跟底端15mm处贴上泡沫垫，在图样3上涂抹黏合剂。

6 在留够折边的一块内皮背面涂抹黏合剂，与图样3的背面相贴。

7 按照图样3的外皮轮廓剪切，垫上垫子一起打孔。

制作

● 制作鞋面

1 将图样1_1和1_2按q1和q2对位，用马鞍针缝制q1~q2边。

2 在上步骤成品背面的接合处A和B涂抹黏合剂。

3 在图样2_1和2_2的背面涂抹黏合剂。

4 按照接合处A和B的对应位置，将图样2_1和图样2_2粘贴在已完成的鞋面内侧上。

5 用外皮剪裁图样2_1和2_2剩余部分（图样中虚线部位），剪裁后打孔。

6 用马鞍针缝合图样1_1的后脚跟。

7 用马鞍针缝合鞋面边缘。

● 制作鞋底并收尾

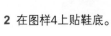

1 把完成的鞋面和图样3贴放在一起，用马鞍针缝制。

2 在图样4上贴鞋底。

3 在皮鞋里塞进鞋楦或报纸定型。

★注意对准前后中心线和各个p点。

居家皮质拖鞋

材料

面料: 外表皮革2平方英尺(图样1_1、1_2和3)、内里皮革1平方英尺(图样2_1、2_2和3),约4mm厚的鞋底用生皮1平方英尺(图样3),约2mm厚的鞋底加垫皮革1平方英尺(图样3)

TIP 选择面料

外表皮革、鞋底皮革推荐使用2mm厚的柔软牛皮

太厚或太硬的皮革不好制作且不合脚

生皮要4mm厚的结实的皮,鞋底皮革要使用两面都起球处理过的皮革才能防滑,如果是未经处理的皮革,可以用砂纸打磨后使用

辅料: 蜡线,加固胶带,装饰用流苏1对

完成品 p.34
大小 **23~24cm**

剪裁

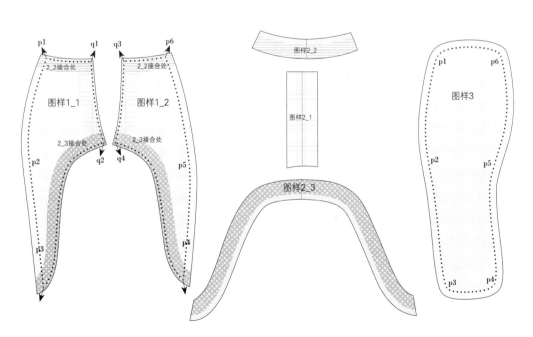

图样 1、2

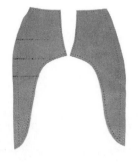

1 用外表皮革剪裁图样1_1和1_2，用打孔器打孔。

2 用内里皮革裁剪图样2_1、2_2和2_3。

图样 3

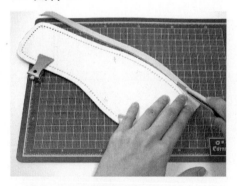

1 用鞋底生皮皮革剪裁图样3。

2 在生皮皮革背面和鞋底加垫皮革背面涂抹黏合剂，将两者贴在一起。

3 剪裁鞋底皮革后打孔。
★鞋底生皮较厚，推荐用直径大于1.2mm以上的锥子打孔。

制作

● 制作甲皮

1 将图样1_1和图样1_2正面相贴，使q1对准q3、q2对准q4，用马鞍针缝合q1（q3）~q2（q4）边（中线）。

2 将上步骤成品摊开，用锤子敲打中线，将凸起的皮革断面尽量敲平；在中线左右各10mm的皮面上涂抹黏合剂。

3 将加固胶带贴在中线上，并以图样2_1宽度在加固胶带上再涂一层黏合剂。

4 在图样2_1正面涂抹黏合剂后，将其贴在加固胶带上。

5 在图样2_2和2_3及其在上步骤成品上的对应接合处涂抹粘合剂，按压粘贴。

6 将图样2_1和2_2上多余的部分（图样上以虚线标注）剪裁掉。

7 摊平上一步成品，用马鞍针缝合p1~p6边。

8 用马鞍针缝合p3~p4边。

● 制作鞋底并收尾

1 将完成的鞋面和图样3贴放在一起，用马鞍针缝合。

★注意对准前后中心线和各个p点。

2 在鞋面和鞋底之间涂抹黏合剂。

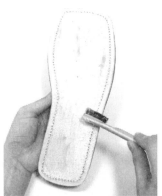

3 在鞋底上整体涂抹黏合剂。

缝装饰物时需要用5mm铁环和钳子，用钳子掰开铁环后把流苏扣进去，再把铁环扣在鞋面中线的针脚上，最后用钳子掰合铁环，完成装饰。

4 在涂满黏合剂的鞋底上贴放鞋底加垫皮革。

5 剪掉鞋底加垫皮革多出的边角。

6 在皮鞋里塞进鞋楦或报纸定型。

★可根据个人喜好，用流苏装饰。

幸运一百
豆豆鞋

▤ 材料

面料： 外表皮革1平方英尺（图样1_1、1_2和1_3）、内里皮革
1平方英尺（图样2_1、2_2和4），鞋底皮革1平方英尺（图样3）

TIP 选择面料

外皮、鞋底皮革推荐使用2mm厚的牛皮，太厚或太硬的皮革不
好制作且不合脚

辅料： 蜡线，泡沫垫2个，鞋底1双，小装饰品1对

完成品 p.36
大小 23.5cm

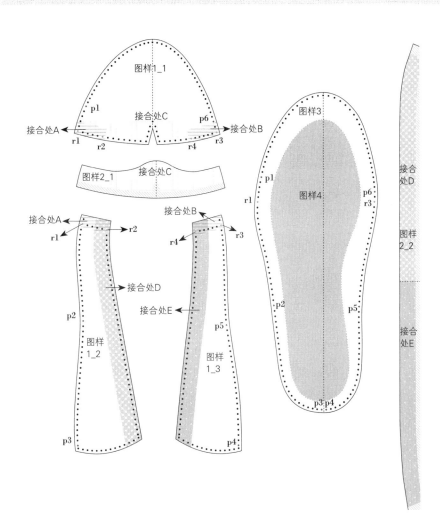

● 图样 1_1 和 2_1

 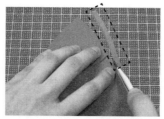 

1 用外表皮革剪裁出图样1_1，用内里皮革剪裁出图样2_1。

2 按照图样1_1上接合处C的标注位置将上一步骤两个成品背面相贴（可涂少量黏合剂防止跑位），沿图样2_1上虚线部分的指示范围，裁切掉多余的部分。

3 垫上垫子，用打孔器打孔后分离图样1_1和 2_1。

● 图样 1_2、1_3 和 2_2

请注意打孔力度，防止削薄部分破损。

1 剪裁图样1_2和1_3后，将接合处A、B的正面削薄。

2 给图样1_2和1_3打孔。

削薄时需一点点耐心进行，反复多次后完成。

3 用内里皮革剪裁图样2_2。

● 图样 3

请参考p.135的图样3制作方法。

制作

● 制作鞋面

1 拼接图样1_2和1_3的鞋后跟（参见p.80）。

2 在上步骤成品背面的接合处D、E区域涂抹黏合剂。

3 在图样2_2上涂抹黏合剂，跟已完成的鞋面贴在一起。

4 沿图样2_2上虚线部分的指示范围，裁切掉多余的部分。

5 在上步骤成品上的以及图样1_1上的接合处A和B区域涂抹粘合剂，按照对应位置粘贴在一起。

6 在图样2_1的背面上涂抹黏合剂。

7 在步骤5成品上的接合处C区域背面涂抹黏合剂，跟图样2_1粘贴在一起。

8 翻到正面后用马鞍针缝合图样1_1上的r1~r2~r4~r3边。

9 用马鞍针缝合r2~后脚跟中点~r4边。

● 制作鞋底并收尾

1 把完成的鞋面和图样3贴在一起,用马鞍针缝制。　**2** 把鞋底贴在图样4上。

缝装饰物时需要用5mm铁环和钳子,用钳子掰开铁环后把流苏扣进去,再把铁环扣在鞋面中线的针脚上,最后用钳子掰合铁环,完成装饰。

3 在皮鞋里塞进鞋楦或报纸定型。

★根据个人喜好,可在鞋背带上加装小装饰。

How to make

花式皮带凉鞋

材料

面料： 17mm皮质松紧带2码，鞋垫皮革1平方英尺(图样1)，外用皮革1/4平方英尺（图样2_1和2_2）

TIP 选择面料

鞋垫皮革建议使用又薄又柔软的羊皮，做侧鞋带的外皮推荐使用2mm厚的牛皮

辅料： 坡跟鞋底1套，泡沫垫2个，鞋底1双，小装饰品1对，17mm宽的皮质松紧带

TIP 选择辅料

坡跟鞋底样式如图

完成品 p.38
大小 23.5cm

剪裁

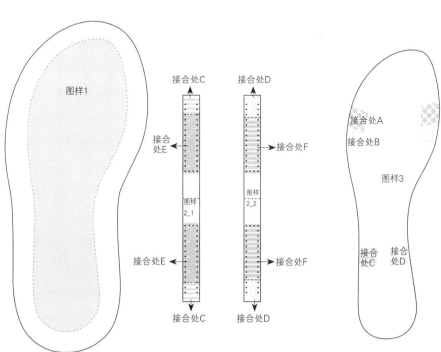

图样1

接合处C   接合处D

接合处E   接合处F

图样2_1   图样2_2

接合处E   接合处F

接合处C   接合处D

接合处A
接合处B

图样3

接合处C 接合处D

● 图样 1 和皮质松紧带

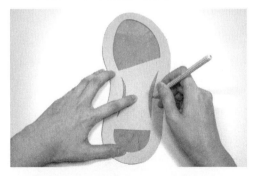

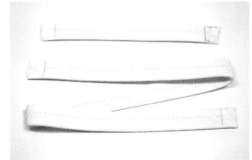

1 用鞋垫皮革剪裁图样1，在背面上标注要贴鞋底的部位（图样中虚线部分）。

2 将17mm宽的皮质松紧带裁成160mm和530mm两种长度，将距两端15mm的部分削薄。

★能看见中心线的一面是背面。

● 图样 2

若皮革较薄可在背面粘贴加固胶带。

1 用外用皮革剪裁图样2_1和2_2，剪裁后标注中线和接合处C、D点位置。

沿中线对折

双面削薄

2 在图样2_1的接合处E涂抹黏合剂，沿着中线对折。

3 将图样2_1的接合处C点双面削薄。

4 图样2_2参照上述方法把接合处F相贴，将接合处D进行双面削薄后，垫上垫子，给图样2_1和图样2_2打孔。

制作

修剪鞋底

在鞋底底部标示

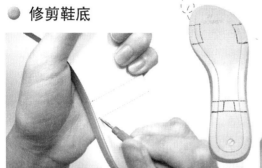
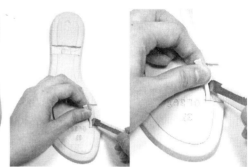

1 把图样3跟鞋底贴放在一起，用锥子刻出A、B、C、D位置后用笔画线。

2 把标出来的A、B、C、D处用美工刀切除2mm厚。

★切除鞋底时用短刀刃慢慢切除。

包鞋底

1 在图样1背面和鞋底上面涂抹黏合剂。

2 对准鞋底（图样上虚线部分），慢慢粘贴。

3 在鞋底侧面和底面20mm范围内均匀涂抹黏合剂，把鞋垫皮革抻开贴在鞋底侧面和底面。

★贴在鞋底底面的皮革要均匀，这样最终做出来的鞋底才美观。

4 用刀或砂纸把贴在鞋底底部A、B、C、D处的皮革切除。

● 制作鞋面

1 用马鞍针缝制图样2_1和2_2。

2 在鞋底底面接合处B、C、D处涂抹黏合剂。

3 在图样2_1接合处C和图样2_2接合处D涂抹黏合剂后贴在鞋底底面对应接合处。

4 用皮质松紧带穿过图样2_1和2_2中的缝隙，交叉形成X型。

5 在530mm、160mm的皮质松紧带削薄处涂抹黏合剂后贴在鞋板底底面接合处B、A。

6 如果包裹鞋底的鞋垫皮革褶皱太明显，可用美工刀或剪刀切除。

7 在鞋底包裹皮革上标出需粘贴鞋跟的范围，用砂纸打磨。

● 制作鞋底并收尾

1 涂抹黏合剂，从鞋后跟开始粘贴坡跟套装中的坡跟。

2 涂抹黏合剂后贴坡跟套装中的鞋底。

3 在皮鞋里塞进鞋楦或报纸定型，用黏合剂贴上一朵花。

★ 把小装饰贴在皮质松紧带的交叉部位，能让脚显瘦且更加美观。

蝴蝶结
单鞋

材料

面料： 表面1/10码（图样1、3），内衬1/10码（图样1、3）

TIP 选择面料

表面和内衬推荐使用亚麻材质

辅料： 10mm宽松紧带 1/3码（图样2），蝴蝶结1对

完成品 p.40
大小 23.5cm

剪裁

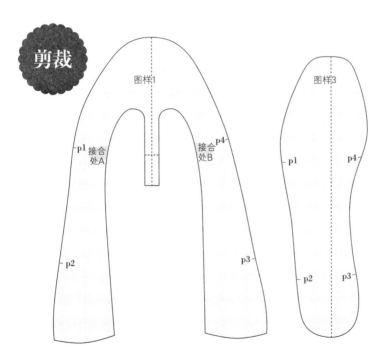

图样1

图样3

p1 接合
处A

接合 p4
处B

p1   p4

p2   p3

p2   p3

接合处A   图样2   接合处B

裁剪图样1、3表面和内衬需留1cm
折边；
图样3的内衬不留折边，贴上棉花；
用10mm宽松紧带剪裁图样2。

图样2

图样1 表面   图样1 内衬   图样3
表面

图样3
内衬

制作

⬤ 制作鞋面

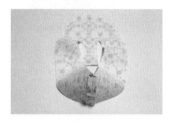

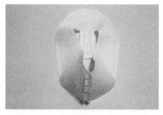

1 把图样1表面的后脚跟部位贴在一起，用平针缝合鞋后跟，掰开折边。

2 把图样1内衬的后脚跟部位贴在一起，用平针缝合鞋后跟，掰开折边。

3 把图样1表面和内衬的外侧贴在一起，用平针缝合鞋面边缘，要注意在中线留返口以便翻开。

4 用锁边针缝住中线的返口。

5 用松紧带穿过中线，用锁边针缝制。

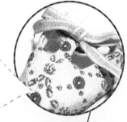

蝴蝶结让鞋子看上去更加清纯可爱。

⬤ 制作鞋底并收尾

1 将鞋面内衬和图样3的内衬贴在一起，用别针固定以后平针缝合。

★注意对准前后中线和各个p点。

2 将鞋面表面和图样3的表面贴在一起，用别针固定后留10cm左右的返口，以平针缝制。

3 通过返口把面料翻过来，返口处用锁边针缝合。

4 用手整理鞋的轮廓。

150

牛津皮鞋

材料

面料： 外表皮革2.5平方英尺（图样1_1、1_2、1_3和1_4）、内皮皮革2平方英尺（图样2_1、2_2、2_3、2_4、3和4），鞋底皮革1平方英尺（图样3）

TIP 选择面料

外表皮革、鞋底皮革推荐使用2mm厚的牛皮，太厚或太硬的皮革不好制作且不合脚

辅料： 蜡线，泡沫垫2个，鞋底1双，80cm皮鞋带2根

完成品 p.42
大小 **25.5cm**

剪裁

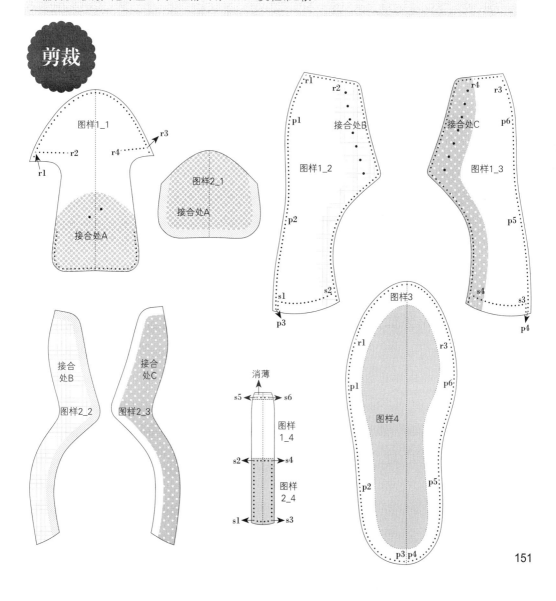

图样1_1
r3
r2   r4
r1

图样2_1
接合处A

接合处A

图样1_2
r1
r2
p1
接合处B
p2
s1   s2
p3

图样1_3
r4   r3
p6
接合处C
p5
s4   s3
p4

接合处B
图样2_2

接合处C
图样2_3

消薄
s5   s6
图样1_4
s2   s4
图样2_4
s1   s3

图样3
r1   r3
p1   p6
图样4
p2   p5
p3 p4

图样 1_1

1 用外表皮革剪裁出图样 1_1、1_2、1_3和1_4。

2 用内里皮革剪裁出图样 2_1、2_2、2_3和2_4。

3 在图样1_1和2_1接合处A，图样1_2和2_2的接合处B，图样1_3和2_3接合处C涂抹黏合剂并对位粘贴。

4 将图样2_1、2_2和2_3超出外表皮革边界的多余部分（图样中的虚线部分）剪裁掉，并打孔。

5 在图样1_4正面上涂抹适量黏合剂，与图样2_4相贴，把侧边修齐。

6 将图样1_4前端削薄。

7 垫上垫子，用锥子打孔后将图样1_4 和2_4分离。

图样 3、4

请参考p.156"图样3和4"制作方法。

152

制作

● 制作鞋面

1 用马鞍针缝合图样1_1的鞋后跟部位。

2 把图样1_4贴在图样1_2的外侧，图样2_4贴在图样1_2的内侧。

3 用马鞍针顺序缝合s2~s1~后脚跟中线。

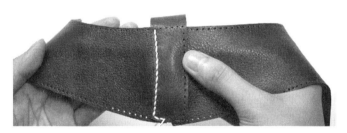

4 将图样1_3放在图样1_4和图样2_4之间。

5 用马鞍针顺序缝合后脚跟s3~s4区间，最后一针隐藏在图样1_3和1_4之间。

6 将图样1_1和图样1_2按r1~r2位置贴放在一起，用马鞍针缝合。

7 用马鞍针缝合r2~s2边。

制作

 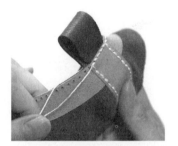 

8 把图样1_4外皮的s5对准 s2，s6对准s4贴在一起，塞进 图样2_4的内皮中。

9 用马鞍针缝合s2~s4边。

10 用马鞍针缝合s4~r4边后， 把图样1_1和图样1_3贴在一 起，再用马鞍针缝合r4~r3边。

● 制作鞋底并收尾

1 把完成的鞋面和图 样3贴放在一起，用 马鞍针缝合。

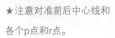
★注意对准前后中心线和 各个p点和r点。

2 把鞋底贴在图样4上。

3 穿鞋带。

4 在皮鞋里塞进鞋楦 或报纸定型。

男式乐福鞋

材料

面料： 外表皮革2.5平方英尺（图样1）、内里皮革1.5平方英尺（图样2、3和4），鞋底皮革1平方英尺（图样3）

TIP 选择面料

外表皮革、鞋底皮革推荐使用2mm厚的柔软牛皮，太厚或太硬的皮革不好制作且不合脚

辅料： 蜡线，泡沫垫2个，鞋底1双

完成品 p.44
大小 25.5cm

剪裁

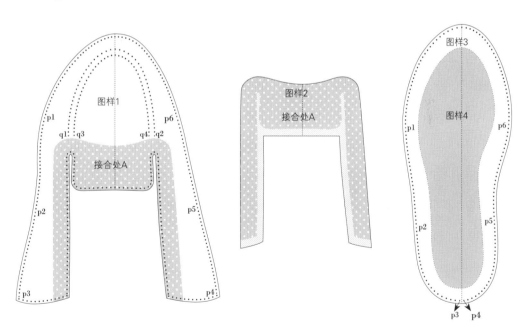

● 图样1和2

1 用外表皮革剪裁图样1，用内里皮革剪裁图样2。

2 在图样1和图样2的背面接合处A位置涂抹适量黏合剂并粘贴。

3 用图样2超出图样边界的部分（图样中虚线部分）剪裁掉并打孔。

● 图样3和4

1 用鞋底皮革背面剪裁图样3，用砂纸在图样3正面轻磨图样4对应部分。

2 在图样3上打磨过的部位和图样4背面涂抹黏合剂。

3 把图样3和4粘贴在一起。

4 在离图样4边缘3mm处按2cm间隔打孔，用平针缝合一圈。

5 在离图样3后脚跟底端15mm处贴上泡沫垫，在图样3上涂抹黏合剂。

6 在留够折边的一块内皮背面涂抹黏合剂，与图样3的背面相贴。

7 按照图样3的外皮轮廓剪切多余的内皮折边，垫上垫子一起打孔。

制作

制作鞋面

1 用马鞍针缝合图样1的鞋后跟。

2 对准q1和q3，q2和q4，用马鞍针缝制q1~q2（q3~q4）边。

3 最后一针从鞋面内外皮之间带出，打结全将线结涂，抹黏合剂固定。

制作鞋底并收尾

1 把完成的鞋面和图样3贴放在一起，用马鞍针缝合。

★注意对准前后中线和各个p点。

2 在图样4上贴鞋底。

3 在皮鞋里塞进鞋楦或报纸定型。

马林徽章
亲子鞋

完成品 p.48

材料

坡跟鞋

马林徽章

烫钻

Reform Tip

突出亮点

徽章可用十字绣或用闪光饰片拼凑，颜色鲜艳的徽章给原本单调的条纹鞋带来浪漫的地中海风格。

制作

大面积的条纹坡跟有些单调。

1 在徽章背面涂抹黏合剂。

2 如图在坡跟上也涂抹黏合剂后把徽章贴上去。

3 在徽章周围贴上烫钻。

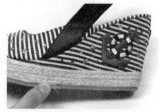

4 可粘贴不同样式的烫钻。

手绘休闲
亲子帆布鞋

完成品 p.50

完成品 p.50

📋 **材料**

帆布鞋

植物颜料（可根据绘画面积采购）

Reform Tip

三原色的惊喜

颜料可准备三原色（红色、黄色、蓝色）、白色和黑色，混合后可调配出各种颜色。

制作

Before

在平凡的帆布鞋上用颜料挥洒你的个性吧。

1 先在图纸上画出草图。

2 用铅笔或稀释的颜料在帆布鞋上绘图。

★浅色运动鞋用铅笔，暗色帆布鞋用稀释的颜料绘图。

用吹风机暖风吹干植物颜料使其不易掉色。

3 涂上颜色，如果是暗色帆布鞋可多次涂抹加深颜色。

4 将涂抹的颜料晒干后用吹风机暖风吹5分钟。

5 可以用烫钻或毛绒球做装饰。

6 晒干，完成帆布鞋的改良。

经典流苏
乐福亲子鞋

完成品 p.52

材料

皮质单鞋

皮带或3mm×15mm的皮革

流苏用4张30mm×80mm的皮革

Reform Tip

个性流苏

流苏是经典的装饰品，在单鞋或凉鞋上贴上流苏，展现你的不凡个性吧。

制作

没有吸睛装饰品的单鞋。

1 在流苏用皮革上半部分留10mm，以5mm为间隔剪裁下半部分。

2 把流苏卷在皮带上，用锥子或铅笔标注流苏长度。

3 用砂纸轻轻打磨图示部分。

4 在鞋面上画出挂流苏的位置，用刀切出两条15mm长的直线，两条直线相隔5mm左右。

5 把皮带折贴穿入鞋面缝隙，皮带两端朝上。

6 皮带两端穿过皮带向下拉。

7 在流苏上端背面和打磨的正面涂抹黏合剂后，缠在皮带两端。

8 整理流苏位置，完成单鞋的改良。

How to make

铆丁
中筒棉靴

完成品 p.54

材料
棉短靴
铆丁烫钻（根据粘贴面积采购）

Reform Tip
粘贴铆丁烫钻秘诀

烫钻后面有黏合剂，需要加热融化后贴在棉靴上。
丝绸或起球的绒面皮上较容易粘贴烫钻，而皮革或漆面皮革则不易粘贴。

制作

Before

把棉靴变成引领潮流的铆丁棉靴。

1 用镊子夹住铆丁烫钻，用打火机或酒精灯加热。
★粘贴烫钻一般使用酒精灯，使用打火机需用中心的蓝色火焰加热，以防烧黑。

2 确认烫钻黏合剂融化。
★注意不要过度融化烫钻黏合剂。

3 把烫钻贴在棉靴上，用镊子或小片皮革用力下压使其固定。

4 重复上述步骤，完成棉靴的改良。

让旧鞋子
焕然一新

完成品 p.56

▤ 材料
装饰花

皮革边料

亚麻

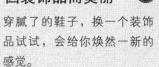

Reform Tip

因装饰品而美丽

穿腻了的鞋子，换一个装饰品试试，会给你焕然一新的感觉。

装饰花和蝴蝶结是可爱型的，水晶则凸显华丽风格。

制作

想把看腻了的蝴蝶结换掉。

1 用刀把蝴蝶结剪切下来，注意不要划伤鞋面。

2 用皮革边料剪两个小于装饰品大小的小皮革。

3 皮革的正面用刀或者用砂纸削薄。

4 在装饰品背面和皮革上涂抹黏合剂。

5 在另一块小皮革上用打孔器或锥子打孔。

6 用步骤5的皮革在鞋面上对准贴装饰的位置，用锥子标记位置并打孔。

7 把皮革贴在鞋面上，用亚麻线缝制后打结。

8 在皮鞋上的皮革和装饰品底部的皮革上涂抹黏合剂。

9 把装饰品贴在鞋面皮革上。

镶钻
凉鞋

完成品 p.57

材料
布料凉鞋
镶钻的链子（根据粘贴区域面积购买）
透明线

Reform Tip

如果想突出
你的脚踝

各种各样镶钻的链子很容易
吸引大家的眼球，特别是贴
在脚踝鞋带上，改良后的镶
钻皮鞋非常适合参加晚宴。

制作

想要把平凡的鞋子变成吸引眼
球的华丽鞋子。

1 根据需要用钳子剪裁链子。

2 用透明线缝合链子和鞋带，
注意缝制链子时尽量隐藏缝线
痕迹。

3 打结时注意隐藏线头。

4 拉紧链子，完成高跟鞋的
改良。

镶钻高跟凉鞋

完成品 p.58

材料

绒面皮或棉质高跟鞋

烫钻（根据粘贴区域面积购买）

Reform Tip

华丽的烫钻

烫钻背面有黏合剂，在丝绸或绒面皮上较容易粘贴烫钻，而在皮革或漆面皮革上则不易粘贴，所以要注意选择鞋面的材质。

制作

Before

用大小和色彩各异的烫钻增添高跟鞋的华丽效果。

1 用镊子夹住烫钻，用打火机或酒精灯加热。

2 确认烫钻黏合剂融化。

3 把烫钻贴在高跟鞋上，用镊子或小片皮革用力下压使其固定。

4 重复上述步骤，完成高跟鞋的改良。

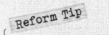 *How to make*

莱茵石
高跟凉鞋

完成品 p.60

▤ 材料

缎面高跟鞋

各种大小的莱茵石（根据粘贴区域面积购买）

透明线

Reform Tip

适合派对的莱茵石

想要打造适合的派对鞋，可以考虑在鞋面上贴莱茵石。用不同大小颜色的莱茵石自由搭配会让鞋子看上去更加新潮。

制作

Before

在鞋面增添优雅的感觉。

1 用透明带临时固定莱茵石。

在缝制莱茵石的下面穿线打结，可隐藏线头。

2 用透明线穿针，打两次结，缝针时要在皮鞋带子表面缝制，注意不要穿过内皮。

3 用透明线穿过莱茵石的孔眼。

4 打结时可多打三四圈。

5 注意隐藏线头，可从其他孔眼扯出透明线后剪断。

6 整理莱茵石的位置，完成高跟鞋的改良。

🥿 *How to make*

羽毛
高跟凉鞋

完成品 p.62

▤ 材料

缎面或绒面皮高跟鞋

羽毛2~3根（根据粘贴区域面积购买）

烫钻、莱茵石（根据粘贴区域面积购买）

Reform Tip

用羽毛演绎性感吧

羽毛是带有异国风情的饰品。白羽毛给人清纯的感觉，彩色羽毛能让人联想到异国风情，而黑色羽毛则是过目难忘的性感。

制作

一双可与婚纱相搭配的高跟鞋。

1 确定贴羽毛的位置和方向，把其他不需要的饰品去掉。

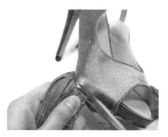

2 在羽毛尖和贴羽毛的位置涂抹黏合剂，从最底层开始粘贴。

★如果是浅颜色羽毛，要用透明黏合剂。

3 如果想增添华丽感，可在羽毛上粘贴烫钻或莱茵石。

4 粘贴烫钻，完成高跟鞋的改良。